普通高等教育规划教材

环境影响评价

（第二版）

蔡艳荣　主　编

顾佳丽　副主编

中国环境出版社・北京

图书在版编目（CIP）数据

环境影响评价/蔡艳荣主编. —2 版. —北京：中国环境出版社，2016.3
普通高等教育规划教材
ISBN 978-7-5111-2746-4

Ⅰ. ①环… Ⅱ. ①蔡… Ⅲ. ①环境影响—评价—高等学校—教材 Ⅳ. ①X820.3

中国版本图书馆 CIP 数据核字（2016）第 060457 号

出 版 人 王新程
责任编辑 黄晓燕
责任校对 尹 芳
封面设计 宋 瑞

出版发行 中国环境出版社
（100062 北京市东城区广渠门内大街 16 号）
网 址：http：//www.cesp.com.cn
电子邮箱：bjgl@cesp.com.cn
联系电话：010-67112765（编辑管理部）
010-67112735（第一分社）
发行热线：010-67125803，010-67113405（传真）
印 刷 北京市联华印刷厂
经 销 各地新华书店
版 次 2016 年 3 月第 1 版
印 次 2016 年 3 月第 1 次印刷
开 本 787×960 1/16
印 张 16
字 数 280 千字
定 价 25.00 元

第二版前言

《环境影响评价》2004年出版第一版，2006年3月第二次印刷，到如今已有10多年的时间。

第一版出版10多年来，作为环境影响评价的系统教材，为即将从事环境教育和环境评价工作的学子提供了一本相对独立的专业教材。同时，2003年《环境影响评价法》的实施，也大大促进了环境影响评价制度在我国的实施。2004年开始，我国实行环境影响评价工程师职业资格制度，2005年，我国首次进行了环境影响评价工程师职业资格统一考试。该教材也为参加环境影响评价工程师职业资格考试的专业人员提供了系统的学习参考资料。

我国的环境影响评价技术导则是在1993年首次发布执行的，经过了15年的社会发展变化后，特别是我国对环境保护的要求日益提高，从2008年开始，陆续对原有的环境影响评价技术导则进行了修订，并且发布了一系列专项环境影响评价技术导则。《中华人民共和国环境影响评价法》实施10年，也给环境影响评价制度的推行提供了一定的法律依据。

《环境影响评价》（第二版）正是在环境影响评价技术导则不断修订的前提下，根据社会的需求和环境保护的要求对教材第一版的内容进行了相应的改进和补充，进行了大量的调整和完善。

在教材中结合近年来我国颁布和修订的环境影响评价技术导则、环境监测方法标准、清洁生产标准等相关国家标准和行业标准，分别对相关内容进行了修改。

《环境影响评价》（第二版）基本上保持第一版总体框架和结构，对书中的陈旧内容进行了更新，同时增加了大量新知识，减少了环境经济损益分析章节。《环境影响评价》（第二版）共分十章，第一章绪论、第二章污染源调查与分析、第三章工程分析、第四章清洁生产评价、第五章大气环境影响评价、第六章地表水环境影响评价、第七章声环境影响评价、第八章区域环境影响评价、第九章生态影响评价、第十章环境风险评价。本书可以作为环境科学和环境工程专业专科、本科、研究生环境影响评价教材，同时还可以作为环境影响评价人员的培训教材。

《环境影响评价》（第二版）全书由蔡艳荣统一指导、编写、修订，丛俏、曲蛟、顾佳丽、曹春艳、鲁奇林、黄宏志、高路参与了编辑、录入、修订和校稿工作。

在《环境影响评价》（第二版）的编写过程中，引用了已出版的多本环境评价教材、环境影响评价导则及其他参考资料，在此一并致谢！

由于编者水平有限，书中不当和错误之处难免，敬请读者提出宝贵意见。

编　者

2015 年 11 月

第一版前言

环境影响评价作为环境保护的一项法律制度已施行10多年了。它的实施确实为我国的环境保护工作做出了不小的贡献。当我们认真总结国内外环境问题的深刻教训的时候，深深感到要想切实做到经济发展与环境保护同步进行，固然要有步骤地、有计划地对现有的污染进行综合治理，更重要的是要有效地控制新污染的发生。

环境影响评价制度，就是有效地控制新污染发生的措施之一，它要求在社会和经济活动正式发生之前对其可能发生的环境问题给出科学的预测与评价，并提出防治环境损害的技术措施及规定，以便防患于未然。

环境影响评价作为一项环境保护的管理制度不但已纳入环境保护的各项法规中，而且日益受到各个方面的重视。毕竟环境影响评价工作在我国开展的时间不太长，再加上它本身涉及多门学科，人们对它还较生疏，鉴于此，本书旨在为今后从事环境教育和环境评价工作的学子提供一本相对独立的教材，以适应今后工作的需要。

本书可以作为环境科学、环境工程专业专科、本科、研究生环境影响评价教材，同时还可以作为环境影响评价人员的培训教材。

全书共分十一章，第一章绪论、第二章污染源调查与分析、第三章工程分析、第四章清洁生产评价、第五章大气环境评价、第六章地面水环境评价、第七章噪声环境评价、第八章区域环境评价、第九章非污染生态环境评价、第十章环境风险评价、第十一章环境经济损益分析。

全书由蔡艳荣主编，其中第二章、第四章、第十章由丛俏编写，第七章由曲蛟编写，其余各章由蔡艳荣编写，全书由蔡艳荣统稿。

在本书的编写过程中，得到了彭瑜高工的指导和帮助，为本书的内容作了补充和修改，丛俏、曲蛟、黄宏志做了大量的校稿工作，另外，编写过程中引用了已出版的多本环境评价教材及其他参考资料，在此一并致谢！

环境影响评价制度随着《中华人民共和国环境影响评价法》的实施又将会有很大的促进，涉及知识面广，由于编者水平有限，不当和错误之处难免，敬请读者提出宝贵意见。

编　者

2003 年 7 月

目 录

第一章 绪论 1

第一节 环境影响评价概述 1

第二节 环境影响评价程序 14

第三节 环境影响报告书编制 16

第四节 环境影响评价大纲 22

第五节 环境影响评价标准 24

第六节 环境影响评价法律法规 27

第二章 污染源调查与分析 30

第一节 污染源与污染物 30

第二节 污染源调查内容 32

第三节 污染源调查程序与方法 34

第三章 工程分析 37

第一节 工程分析的主要任务和作用 37

第二节 工程分析的原则 38

第三节 工程分析的工作内容 40

第四节 工程分析的方法 43

第五节 一般工程分析的计算方法 44

第四章 清洁生产评价 57

第一节 清洁生产概述 57

第二节 环境影响评价与清洁生产的关系 61

第三节 清洁生产评价指标体系 66

第四节 环境影响评价报告书中清洁生产分析的编写要求 70

第五章 大气环境影响评价 72
第一节 大气环境基础知识 72
第二节 大气环境影响评价概述 80
第三节 大气环境影响评价内容 83
第四节 大气环境影响预测模式 110

第六章 地表水环境影响评价 114
第一节 概 述 114
第二节 水质预测模式 127
第三节 地表水环境影响评价 148

第七章 声环境影响评价 153
第一节 声环境的基础知识 153
第二节 声环境影响评价概述 157
第三节 声环境影响预测 164
第四节 声环境影响评价 172

第八章 区域环境影响评价 178
第一节 概论 178
第二节 区域环境影响评价程序与内容 182
第三节 区域开发的环境制约因素分析 195
第四节 区域环境总量控制 198
第五节 区域环境管理计划 202

第九章 生态影响评价 208
第一节 概述 208
第二节 生态现状调查与评价 211
第三节 生态影响预测与评价 217

第十章　环境风险评价……226
第一节　环境风险评价概述……226
第二节　环境风险评价的内容……230

参考文献……236

附录　中华人民共和国环境影响评价法……238

第一章 绪 论

第一节 环境影响评价概述

一、环境影响评价的由来和发展

当人类的社会活动和经济活动带来一系列的环境问题的时候，人们不得不对所带来的环境问题给予治理，但是尽管人们在污染的治理上做了很多的工作，可是新的环境问题依然层出不穷，环境问题引起的社会问题和经济损失仍在加剧。当人们反思已往的环保工作时，不得不要求将环境问题消灭在它出现之前，于是环境影响评价制度就应运而生。

环境影响评价又称环境冲击评价，或称环境预断评价（Environmental Impact Assessment，EIA），是指实施一项社会活动、经济建设活动前，对它的选址、使其实现活动的行进及活动结束后所遗留的可能对环境造成的影响进行分析、评估和预测，并为减轻和防止这些影响提出措施和规定。《中华人民共和国环境影响评价法》给出了环境影响评价定义："本法所称环境影响评价，是指对规划和建设项目实施后可能造成的环境影响进行分析、预测和评估，提出预防或者减轻不良环境影响的对策和措施，进行跟踪监测的方法与制度。"因此，就我国而言，环境影响评价包括两部分，一是对规划实施后可能造成的环境影响进行分析、预测和评估；二是对建设项目实施后可能造成的环境影响进行分析、预测和评估。

环境影响评价首先在美国开始实施。1970 年美国制定《国家环境政策法》，正式开始执行 EIA 制度，从此各国相继开展此项工作。目前北美、西欧、日本和东南亚一些发展中国家都已开展此项工作，并以多种形式纳入法制化的轨道。东欧由于受计划经济模式影响，所以很少对单个项目进行环境影响评价，而着眼于区域性的环境影响评价。

不同国家对环境影响评价采取的模式也不相同，目前国外的环境影响评价有如下两种类型：一种是美国模式，即由国家立法、强制执行，并规定EIA报告书要经过政府和公众双重审议，当公众和政府的意见相左时由法院判决裁定。另一种是英国模式，由于英国对EIA的可靠性长期存有怀疑，强调项目开发必须要有详细的环境影响监测计划。

然而大多数国家采取的模式介于上述二者之间。接近英国的如德国，接近美国的如瑞典。不过多数国家的企业家出于自身的利益都主动寻求咨询服务机构为其建设项目进行环境影响评价的科技咨询。

我国在1979年的《中华人民共和国环境保护法（试行）》中就明确规定“一切企业事业单位的选址、设计、建设和生产，都必须充分注意防止对环境的污染和破坏。在进行新建、改建和扩建工程时，必须提出对环境影响的报告书，经环境保护部门和其他有关部门审查批准后才能进行设计”。同时规定“在老城市改造和新城市建设中，应根据气象、地理、水文、生态等条件，对工业区、居民区、公用设施、绿化地带等作出环境影响评价”。2014年修订通过并于2015年1月1日开始施行的《中华人民共和国环境保护法》，对规划和建设项目环境影响评价的信息公开、公众参与和相关建设项目单位、环境影响评价单位和各级政府环境保护主管部门等的法律责任都做出了相应的规定。另外，1981年5月由国家计划经济委员会、经济贸易委员会、建设委员会和环保领导小组共同颁发了《基本建设项目环境保护管理办法》，开始实施环境影响评价制度，经过不断地完善，现在已形成了一整套全面的管理办法，并获得了丰富的经验。现就我国的EIA制度发展进行简单的介绍。

1．我国EIA制度的发展

在《环境影响评价法》颁布10周年的宣传网页上，对我国EIA制度的发展按环保大事发生的时间段分成以下几个阶段。

（1）引入确立阶段（1973—1979年）

1973年8月，由国务院委托国家计划经济委员会在北京组织召开第一次全国环境保护会议，揭开了中国环境保护事业的序幕。会议通过了《关于保护和改善环境的若干规定》，确定了“全面规划、合理布局、综合利用、化害为利、依靠群众、大家动手、保护环境、造福人民”的环境保护“32字方针”，这是我国第一个关于环境保护的战略方针，同时将环境影响评价引入我国。

1973 年 11 月，国务院要求新建工业、科研等项目，必须把“三废”治理设施与主体工程同时设计、同时施工、同时投产，环境管理“三同时”理念初步形成。

1978 年 12 月，国务院环境保护领导小组，在《环境保护工作汇报要点》中，首先引入了环境影响评价的理念。

1979 年 5 月，国家计划经济委员会、国家建设委员会联合下发了《关于做好基本建设前期工作的通知》，明确要求建设项目要进行环境影响评价。

1979 年 9 月，《中华人民共和国环境保护法（试行）》颁布实施，我国的环境影响评价制度正式建立。

（2）规范发展阶段（1980—1990 年）

在这一阶段，我国陆续颁布实施了一系列的法律规范和部门行政规章。

1981 年 5 月，《基本建设项目环境保护管理办法》明确把环境影响评价制度纳入基本建设管理程序。

1986 年 3 月，《建设项目环境保护管理办法》、建设项目环境影响评价制度和环境管理“三同时”制度正式确立，环境影响评价制度步入规范化、制度化阶段。

1986 年 6 月，《建设项目环境影响评价证书管理办法（试行）》，对评价单位提出了资质要求。

1989 年 12 月，《中华人民共和国环境保护法（试行）》的发布实施，使环境影响评价的法律基础进一步坚实。

1990 年 12 月，国务院发布《关于进一步加强环境保护工作的决定》，进一步严格了建设项目环境保护管理的要求。

（3）提高拓展阶段（1991—2002 年）

1993 年 6 月，中国人民银行、财政部联合发布了《关于加强国际金融组织贷款建设项目环境影响评价管理工作的通知》，规定贷款建设项目必须执行我国的环境保护法律、规章和标准，执行环境影响评价制度。

建设环境评价队伍，进行国家级和省级的持证上岗培训，并于 1993 年发行了环境影响评价技术导则（EIA 技术导则）。

1996 年 7 月，第四次全国环境保护工作会议在北京召开。

1996 年 8 月，国务院颁布《国务院关于环境保护若干问题的决定》，要求建设对环境有影响的项目必须依法严格执行环境影响评价制度和环境保护设施与主体工程同时设计、同时施工、同时投产的“三同时”制度；同时实行环保“一票否决”制度。

1998年11月，国务院发布《建设项目环境保护条例》，规定国家实行建设项目环境影响评价制度，并且规定了建设项目环境影响报告书内容及环境影响评价法律责任等。

2001年2月，国家环保总局颁布《建设项目环境保护分类管理（第一批）名录》。

2001年12月，国家环保总局发布《建设项目竣工环境保护验收管理办法》。

2002年1月，国家计委、国家环保总局联合下发《关于规范环境影响咨询收费有关问题的通知》。

2002年10月，第九届全国人民代表大会常务委员会第三十次会议通过《中华人民共和国环境影响评价法》。

2002年11月，国家环保总局发布《建设项目环境影响评价文件分组审批规定》。

（4）强化完善阶段（环评法颁布至今）

2003年8月，《中华人民共和国环境影响评价法》正式实施，对规划和建设项目的环境影响评价进行了详细的法律规定。

2004年2月，国家环保总局会同人事部发布《环境影响评价工程师职业资格制度暂行办法》，首次提出环境影响评价工程师制度。环境影响评价工程师，是指取得中华人民共和国环境影响评价工程师职业资格证书并经登记后，从事环境影响评价工作的专业技术人员。环境影响评价工程师职业资格实行全国统一大纲、统一命题、统一组织的考试制度，原则上每年举行1次。环境影响评价工程师资格考试包括4门课程：环境影响评价相关法律法规、环境影响评价技术导则与标准、环境影响评价技术方法和环境影响评价案例分析。

2005年5月，我国首次环境影响评价工程师职业资格统一考试开考。

2006年2月，国家环保总局印发《环境影响评价公众参与暂行办法》。

2006年5月，全国环境影响评价管理工作会议在广州召开。国家环保总局局长周生贤庄严作出“便民高效、公开透明、接受监督、公平公正、廉洁自律、严格审批、强化验收”7项承诺，提出环境影响评价要做优化经济发展的“控制闸、调节器、杀手锏”。

2007年1月，国家环保总局发布《关于加强建设项目环境管理严格环境准入的报告》，首次采取“区域限批”等措施。

2008 年 3 月，第十一届全国人民代表大会第一次会议第五次全体会议表决通过国务院机构改革方案，国家环境保护总局升格成为环境保护部。

2008 年 6 月，全国人大常委会组织开展环境影响评价法执法检查。10 月，第十一届全国人大常委会第五次会议听取了全国人大常委会副委员长关于检查《环境影响评价法》实施情况的报告。

同时，2008 年开始，环保部陆续对环境影响评价技术导则进行修订，并发布了一系列新的单项环境影响评价技术导则。

2009 年 8 月，国务院颁布了《规划环境影响评价条例》。

2010 年 10 月，中国共产党第十七届中央委员会第五次全体会议通过《中共中央关于制定国民经济和社会发展第十二个五年规划的建议》，强调加大环境保护力度，严格环境影响评价。

2011 年 10 月，国务院发布了《关于加强环境保护重点工作的意见》，要求全面提高环境保护监督管理水平，对严格执行环境影响评价制度提出具体要求。

2011 年 12 月，召开了第七次全国环境保护大会。国务院副总理讲话中强调，要把生产力空间布局与生态环境要求结合起来，必须严格环境准入标准，切实防止污染转移，坚持在发展中保护、在保护中发展。

2011 年，环保部编制印发首个环境影响评价五年规划——《环境影响评价“十二五”规划》。

2012 年 11 月，环保部部长出席党的第十八次全国代表大会期间，强调加强依法环评，严格按照法律法规行事；大力推进信息公开，把环境影响评价所涉及的信息全部公开，接受群众监督；进一步扩大群众参与力度，在让更多的人都知道上下工夫；建立健全社会风险评价机制，从源头上预防突发事件。

2．国外 EIA 工作的发展趋向

经过几十年的发展，国外目前 EIA 工作的开展有如下特点：

（1）环境影响评价工作向制度化、规范化和法制化的方向发展；

（2）由单项环境影响评价向多项乃至区域环境影响评价的方向发展；

（3）逐步增加生态学甚至社会学直至心理学的内容，向综合型的学科方向发展；

（4）为提高预测的准确度和精密度，综合型的评价正向模式化和定量化方向发展；

（5）各国都积极开展评价基准的研究。

3．环境影响评价的作用

（1）环境影响评价是我国实施的八项环境管理制度之一。我国自1980年以来，先后出台八项环境管理制度，即排污收费制度、“三同时”管理制度、环境目标责任制度、城市综合整治定量考核制度、排污许可证制度、污染集中控制制度、限期治理污染源制度和环境影响评价制度。

（2）环境影响评价是建设项目立项的依据。根据环保法和建设项目环境管理办法，建设项目要想立项、进入设计阶段，必须有可行性研究和环境影响报告书，不然不能开展设计，土地管理部门不批土地、银行不予贷款。

（3）环境影响评价是实现生产合理布局的重要手段之一。目前国内建设项目的选址具有一定的盲目性，所以往往造成许多后患，不过有了环境影响评价制度后，在环境影响评价报告书中能对选址提出科学的论证，这就能为实现生产的合理布局起到促进作用。

（4）通过环境影响评价可以控制新的污染源出现。

（5）通过环境影响评价可以对环境治理工程的选择进行优化。

二、环境影响评价原则

按照以人为本、建设资源节约型、环境友好型社会和科学发展的要求，遵循以下原则开展环境影响评价工作。

1．依法评价原则

环境影响评价过程中应贯彻执行我国环境保护相关的法律法规、标准、政策，分析建设项目与环境保护政策、资源能源利用政策、国家产业政策和技术政策等有关政策及相关规划的相符性，并关注国家或地方在法律法规、标准、政策、规划及相关主体功能区划等方面的新动向。

2．早期介入原则

环境影响评价应尽早介入工程前期工作中，重点关注选址（或选线）、工艺路线（或施工方案）的环境可行性。

3．完整性原则

根据建设项目的工程内容及特征，对工程内容、影响时段、影响因子和作用因子进行分析、评价，突出环境影响评价重点。

4．广泛参与原则

环境影响评价应广泛吸收相关学科和行业的专家、有关单位和个人及当地环境保护管理部门的意见。

三、环境影响评价工作等级

1．评价工作等级划分依据

建设项目各环境要素专项评价原则上应划分工作等级，一般可划分为三级：一级评价对环境影响进行全面、详细、深入评价，评价工作内容要求详细，设置的评价专题较多、评价的区域范围较大、现状监测的项目较全、代表的时间较全（大气包括采暖和非采暖期，地面水包括枯、平、丰等时期）、污染源调查清楚、现场测试工作量大、预测的模式和参数需进行验证、预测项目完整、对策可行、结论准确；二级评价对环境影响进行较为详细、深入评价；三级评价可只进行环境影响分析。

各环境要素专项评价工作等级按建设项目特点、所在地区的环境特征、相关法律法规、标准及规划、环境功能区划等因素进行划分。其他专项评价工作等级划分可参照各环境要素评价工作等级的划分依据。

各专项评价的工作等级可根据建设项目所处区域环境敏感程度、工程污染或生态影响特征及其他特殊要求等情况进行适当调整，但调整的幅度不超过一级，并应说明调整的具体理由。

对各种环境要素影响评价工作的划分办法也不一样，下面分别就大气环境、地面水环境、声环境、地下水环境等影响评价工作等级的划分依据进行讲述。

2．大气环境影响评价工作等级的划分

选择《环境影响评价技术导则　大气环境》推荐模式中的估算模式对项目的大气环境影响评价工作进行分级。结合项目的初步工程分析结果，选择正常排放的主要污染物及排放参数，采用估算模式计算各污染物的最大影响程度和最远影响范围，然后按评价工作分级判据进行分级。

（1）选择主要污染物

根据项目的初步工程分析结果，选择1～3种主要污染物，分别计算每种污染物的最大地面浓度占标率 P_i（第 i 个污染物）及第 i 个污染物的地面浓度达标准限值10%时所对应的最远距离 $D_{10\%}$。其中 P_i 定义为：

$$P_i = \frac{C_i}{C_{0i}} \times 100\% \tag{1.1}$$

式中：P_i—— 第 i 个污染物的最大地面浓度占标率，%；

C_i—— 采用估算模式计算出第 i 个污染物的最大地面浓度，mg/m^3；

C_{0i}—— 第 i 个污染物的环境空气质量标准，mg/m^3。

C_{0i} 一般选用 GB 3095 中 1 小时平均取样时间的二级标准的浓度限值；对于没有小时浓度限值的污染物，可取日平均浓度限值的 3 倍值；对该标准中未包含的污染物，可参照居住区大气中有害物质的最高容许浓度的一次浓度限值。如已有地方标准，应选用地方标准中的相应值。对某些上述标准中都未包含的污染物，可参照国外有关标准选用，但应作出说明，报环保主管部门批准后执行。

（2）确定评价工作等级

评价工作等级按表 1.1 的分级判据进行划分。

最大地面浓度占标率 P_i 按上述公式计算，如污染物数 i 大于 1，取 P 值中最大者（P_{max}）和其对应的 $D_{10\%}$。

表 1.1 大气评价工作等级划分

评价工作等级	评价工作分级判据
一级	P_{max}≥80%，且 $D_{10\%}$≥5 km
二级	其他
三级	P_{max}<10%或 $D_{10\%}$<污染源距厂界最近距离

（3）注意事项

评价工作等级的确定还应符合以下规定。

① 同一项目有多个（两个以上，含两个）污染源排放同一种污染物时，则按各污染源分别确定其评价等级，并取评价级别最高者作为项目的评价等级。

② 对于高耗能行业的多源（两个以上，含两个）项目，评价等级应不低于二级。

③ 对于建成后全厂的主要污染物排放总量都有明显减少的改建、扩建项目，评价等级可低于一级。

④ 如果评价范围内包含一类环境空气质量功能区、或者评价范围内主要评价因子的环境质量已接近或超过环境质量标准、或者项目排放的污染物对人体健康或生态环境有严重危害的特殊项目，评价等级一般不低于二级。

⑤ 对于以城市快速路、主干路等城市道路为主的新建、扩建项目，应考虑交通线源对道路两侧的环境保护目标的影响，评价等级应不低于二级。

⑥ 对于公路、铁路等项目，应分别按项目沿线主要集中式排放源（如服务区、车站等大气污染源）排放的污染物计算其评价等级。

3. 地面水环境影响评价工作等级的划分

地面水环境影响评价工作等级的划分，根据下述几个条件进行：建设项目的污水排放量、污水水质的复杂程度、受纳污水的地面水域的规模和地面水的功能区划要求。

（1）建设项目的污水排放量

经过初步的工程分析得知建设项目的工业废水排放量，在工业废水的排放量计算中不包括间接冷却水、循环水以及含污染物极少的清净下水，但包括含热量大的冷却水，如电站冷却水。

（2）污水水质的复杂程度

根据污染物在水环境中运输转移、衰减特点以及它们的预测模式，污水水质的复杂程度按污水中拟预测的污染物类型以及某类污染物中水质参数的多少划分为复杂、中等和简单 3 类。

我们将水环境中的污染物分成 4 类：

① 持久性污染物（包括在水环境中难降解、毒性大、易长期积累的有毒物质，如 Hg、Pb、DDT）；

② 非持久性污染物，如 COD、NH_3-N 等；

③ 酸和碱（以 pH 值为表征）；

④ 热污染（以温度为表征）。

污水水质的复杂程度根据所含污染物的类型决定，其中：

复杂：污染物类型数≥3，或者只含有两类污染物，但需预测其浓度的水质参数数目≥10；

中等：污染物类型数=2，且需预测其浓度的水质参数数目＜10；或者只含有一类污染物，但需预测其浓度的水质参数数目≥7；

简单：污染物类型数=1，需预测浓度的水质参数数目＜7。

（3）地面水域的规模

地面水域的规模是指地面水体的大小规模，其中：

河流与河口，按建设项目排污口附近河段的多年平均流量或平水期平均流量划分为大河、中河和小河：

大河平均流量：≥150 m^3/s；

中河平均流量：15～150 m^3/s；

小河平均流量：＜15 m^3/s。

湖泊和水库，按枯水期的平均水深以及水面面积划分为大湖、中湖和小湖，如表 1.2 所示。

表 1.2 湖泊和水库

水域规模	水面面积（水深＜10 m）	水面面积（水深≥10 m）
大湖（库）	≥50 km^2	≥25 km^2
中湖（库）	5～50 km^2	2.5～25 km^2
小湖（库）	＜5 km^2	＜2.5 km^2

具体应用上述划分原则时，可根据我国南、北方以及干旱、湿润地区的特点进行适当调整。

（4）地面水的功能区划

依据地表水水域功能和保护目标，按功能高低依次划分为五类。

Ⅰ类：源头水、国家自然保护区；

Ⅱ类：集中式生活饮用水地表水源地一级保护区、珍稀水生生物栖息地、鱼虾类产卵场、仔稚幼鱼的索饵场等；

Ⅲ类：集中式生活饮用水地表水源地二级保护区，鱼虾类越冬场、洄游通道、水产养殖区等渔业水域及游泳区；

Ⅳ类：一般工业用水区及人体非直接接触娱乐用水区；

Ⅴ类：农业用水区，一般景观要求水域。

同一水域兼有多种功能的依最高功能划分类别，有季节性功能的，可分季划分类别。

（5）工作等级的确定

根据建设项目的污水排放量、污水水质的复杂程度、地面水径流量的大小、排污口所处的地面水的功能四者的关系经查表 1.3 便可以定出建设项目水环境影响评价的工作等级。

如果受纳污水是海湾，则按表 1.4 判定评价等级。

表 1.3 地面水环境影响评价分级判据

建设项目污水排放量/(m^3/d)	建设项目污水水质的复杂程度	一级		二级		三级	
		地面水域规模（大小规模）	地面水水质要求（水质类别）	地面水域规模（大小规模）	地面水水质要求（水质类别）	地面水域规模（大小规模）	地面水水质要求（水质类别）
≥20 000	复杂	大	Ⅰ～Ⅲ	大	Ⅳ、Ⅴ		
		中、小	Ⅰ～Ⅳ	中、小	Ⅴ		
	中等	大	Ⅰ～Ⅲ	大	Ⅳ、Ⅴ		
		中、小	Ⅰ～Ⅳ	中、小	Ⅴ		
	简单	大	Ⅰ、Ⅱ	大	Ⅲ～Ⅴ		
		中、小	Ⅰ～Ⅲ	中、小	Ⅳ、Ⅴ		
＜20 000 ≥10 000	复杂	大	Ⅰ～Ⅲ	大	Ⅳ、Ⅴ		
		中、小	Ⅰ～Ⅳ	中、小	Ⅴ		
	中等	大	Ⅰ、Ⅱ	大	Ⅲ、Ⅳ	大	Ⅴ
		中、小	Ⅰ、Ⅱ	中、小	Ⅲ～Ⅴ		
	简单			大	Ⅰ～Ⅲ	大	Ⅳ、Ⅴ
		中、小	Ⅰ	中、小	Ⅱ～Ⅳ	中、小	Ⅴ
＜10 000 ≥5 000	复杂	大、中	Ⅰ、Ⅱ	大、中	Ⅲ、Ⅳ	大、中	Ⅴ
		小	Ⅰ、Ⅱ	小	Ⅲ、Ⅳ	小	Ⅴ
	中等			大、中	Ⅰ～Ⅲ	大、中	Ⅳ、Ⅴ
		小	Ⅰ	小	Ⅱ～Ⅳ	小	Ⅴ
	简单			大、中	Ⅰ、Ⅱ	大、中	Ⅲ～Ⅴ
				小	Ⅰ～Ⅲ	小	Ⅳ、Ⅴ
＜5 000 ≥1 000	复杂			大、中	Ⅰ～Ⅲ	大、中	Ⅳ、Ⅴ
		小	Ⅰ	小	Ⅱ～Ⅳ	小	Ⅴ
	中等			大、中	Ⅰ、Ⅱ	大、中	Ⅲ～Ⅴ
				小	Ⅰ～Ⅲ	小	Ⅳ、Ⅴ
	简单					大、中	Ⅰ～Ⅳ
				小	Ⅰ	小	Ⅱ～Ⅴ
＜1 000 ≥200	复杂					大、中	Ⅰ～Ⅳ
						小	Ⅰ～Ⅴ
	中等					大、中	Ⅰ～Ⅳ
						小	Ⅰ～Ⅴ
	简单					中、小	Ⅰ～Ⅳ

表 1.4 海湾环境影响评价分级判据

污水排放量/(m^3/d)	污水水质的复杂程度	一级	二级	三级
≥20 000	复杂	各类海湾		
	中等	各类海湾		
	简单	小型封闭海湾	其他各类海湾	

污水排放量/(m^3/d)	污水水质的复杂程度	一级	二级	三级
<20 000 ≥5 000	复杂	小型封闭海湾	其他各类海湾	
	中等		小型封闭海湾	其他各类海湾
	简单		小型封闭海湾	其他各类海湾
<5 000 ≥1 000	复杂		小型封闭海湾	其他各类海湾
	中等或简单			各类海湾
<1 000 ≥500	复杂			各类海湾

4．声环境影响评价工作等级的划分

（1）划分的依据

声环境影响评价工作等级划分依据包括：

① 建设项目所在区域的声环境功能区类别；

② 建设项目建设前后所在区域的声环境质量变化程度；

③ 受建设项目影响的人口数量。

（2）评价等级划分

声环境影响评价工作等级一般分为三级，一级为详细评价，二级为一般性评价，三级为简要评价。

评价范围内有适用于 GB 3096 规定的 0 类声环境功能区域，以及对噪声有特别限制要求的保护区等敏感目标；或建设项目建设前后评价范围内敏感目标噪声级增高量达 5 dB（A）以上[不含 5 dB（A）]；或受影响人口数量显著增多时，按一级评价。

建设项目所处的声环境功能区为 GB 3096 规定的 1 类、2 类地区；或建设项目建设前后评价范围内敏感目标噪声级增高量达 3～5 dB（A）[含 5 dB（A）]；或受噪声影响人口数量增加较多时，按二级评价。

建设项目所处的声环境功能区为 GB 3096 规定的 3 类、4 类地区；或建设项目建设前后评价范围内敏感目标噪声级增高量在 3 dB（A）以下[不含 3 dB（A）]，且受影响人口数量变化不大时，按三级评价。

在确定评价工作等级时，如建设项目符合两个以上级别的划分原则，按较高级别的评价等级评价。

5．土壤环境影响评价工作等级的划分

按与其相应的大气和地面水的工作等级来定。

6. 地下水环境影响评价工作分级

（1）划分原则

评价工作分级的划分依据建设项目行业分类和地下水环境敏感程度分级进行判定，可划分为一级、二级、三级。

（2）划分依据

① 确定建设项目所属的地下水环境影响评价项目类别。具体可参照《环境影响评价技术导则　地下水环境》的附录A进行。

② 建设项目的地下水环境敏感程度可分为敏感、较敏感、不敏感三级，分级原则见表1.5。

（3）建设项目评价工作等级的划分

建设项目地下水环境影响评价工作等级划分见表1.6。

表1.5　地下水环境敏感程度分级表

敏感程度	地下水环境敏感特征
敏感	集中式饮用水水源（包括已建成的在用、备用、应急水源，在建和规划的饮用水水源）准保护区；除集中式饮用水水源以外的国家或地方政府设定的与地下水环境相关的其他保护区，如热水、矿泉水、温泉等特殊地下水资源保护区
较敏感	集中式饮用水水源（包括已建成的在用、备用、应急水源，在建和规划的饮用水水源）准保护区以外的补给径流区；未划定准保护区的集中式饮用水水源，其保护区以外的补给径流区；分散式饮用水水源地；特殊地下水资源（如矿泉水、温泉等）保护区以外的分布区等其他未列入上述敏感分级的环境敏感区*
不敏感	上述地区之外的其他地区

注：*“环境敏感区”是指《建设项目环境影响评价分类管理名录》中所界定的涉及地下水的环境敏感区。

表1.6　评价工作等级分级表

敏感程度	I类项目	II类项目	III类项目
敏感	一	一	二
较敏感	一	二	三
不敏感	二	三	三

对于处用废弃盐岩矿井洞穴或人工专制盐岩洞穴、废弃矿井巷道加水幕系统、人工硬岩洞库加水幕系统、地质条件较好的含水层储油、枯竭的油气层储油等形式的地下储油库，危险废物填埋场应进行一级评价，不按表 1.6 划分评价工作等级。

当同一建设项目涉及两个或两个以上场地时，各场地应分别判定工作等级，并按相应等级开展评价工作。

线性工程根据所涉地下水环境敏感程度和主要站场位置（如输油站、泵站、加油站、机务段、服务站等）进行分段判定评价等级，并按相应等级分别开展评价工作。

第二节 环境影响评价程序

一、环境影响评价与建设项目管理的关系

建设项目从提出到正式验收共有五个阶段，需要履行五次审批手续。五个阶段是项目建议书阶段、可行性研究阶段、设计阶段（又分为初步设计阶段、扩初设计阶段和施工图设计阶段）、施工阶段、试生产竣工验收阶段。五次审批为项目建议书审批、可行性研究审批、设计任务书审批、初步设计审批、开工报告审批。最后由各有关部门审查竣工验收报告。

建设项目环境管理制度决定了环境管理贯穿于建设项目的始终，建设项目环境管理可分为三个阶段：项目建议书阶段、环境影响评价阶段和“三同时”管理阶段，“三同时”管理阶段即环保工程和主体工程同时设计、同时施工、同时投产的“三同时”制度。

二、环境影响评价工作程序

环境影响评价工作一般可划分为三个阶段，第一阶段为前期准备、调研和制订工作方案阶段，主要工作是研究工程立项的有关文件、进行初步的工程分析和环境现状调查、筛选重点评价项目、收集当地环保部门的有关规定、确定各单项环境影响评价的工作等级、编制评价大纲；第二阶段为分析论证和预测评价阶段，主要工作为进一步做工程分析和环境现状调查，并进行环境影响预测和对环境影

响进行评价；第三阶段为环境影响评价文件编制阶段，主要工作为汇总、分析上阶段所得到的数据、资料，给出结论，完成环境影响报告书的编制。

环境影响评价工作程序如图 1.1 所示。

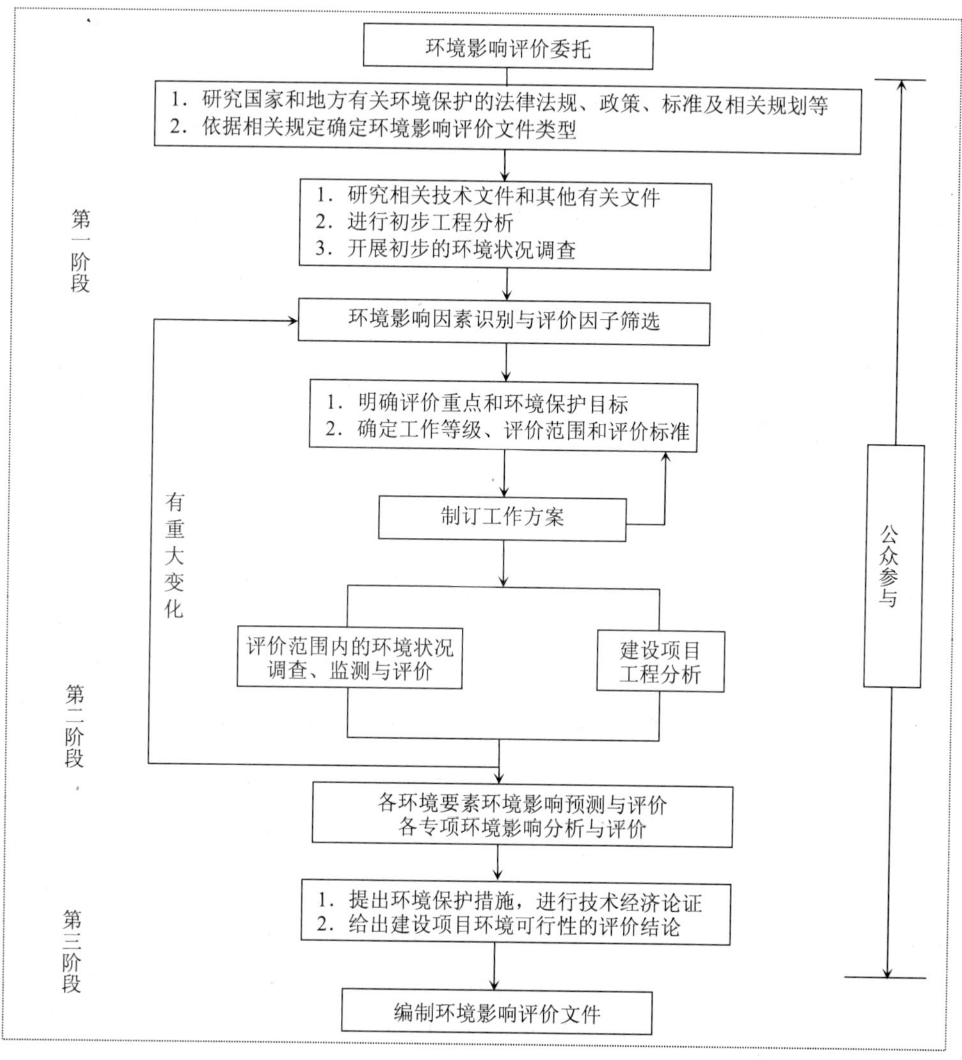

图 1.1　环境影响评价工作程序

第三节　环境影响报告书编制

一、概述

环境影响报告书是整个环境影响评价工作的重要书面形式，在编写时应满足下述基本要求：

（1）报告书的文字编排应符合国家有关法令的要求，内容全面、重点突出、实用性强。

（2）基础数据可靠，尤其经工程分析所得出的污染源有关数据一定要符合日后项目实施后的实际情况，不然所得的结论将是错误的。在工程分析和预测过程中所选用的参数若有不同，应当进行核实。

（3）预测模式及选择的参数应符合当地的实际情况，使用的模式条件允许的情况下应进行模式检验，参数同样也应通过实验或实测求得。

（4）结论观点要明确、客观。结论应对项目的可行性作出明确的回答，对项目选址、规划内容、政策的可行性应以报告书中的论据为前提，提出综合的结论。

（5）环境影响报告书的编排应符合规范，应有环境影响评价资格证书、附有编制人员资证文号及按行政负责人、技术总负责、项目负责人、编写人员及项目审核人员为序的署名盖章签字。

报告书中应附有环境影响评价大纲和同项目有关的批准文件、建设单位或项目主管单位的环评委托书等。

环境影响报告书应全面、概括地反映环境影响评价的全部工作，文字应简洁、准确，并尽量附图表和照片，以使提出的资料清楚，论点明确，利于阅读和审查。原始数据、全部计算过程等不必在报告书中列出，必要时可编入附录。所参考的主要文献应按发表的时间次序由近至远列出目录。评价内容较多的报告书，其重点评价项目另编分项报告书；主要的技术问题另编专题技术报告。

二、环境影响报告书主要内容

根据工程特点、环境特征、评价级别、国家和地方的环境保护要求，应包括但不限于下列全部或部分专项评价。

污染影响为主的建设项目，一般应包括工程分析，周围地区的环境现状调查与评价，环境影响预测与评价，清洁生产分析，环境风险评价，环境保护措施及其经济、技术论证，污染物排放总量控制，环境影响经济损益分析，环境管理与监测计划，公众参与，评价结论和建议等专题。生态影响为主的建设项目，还应设置施工期、环境敏感区、珍稀动植物影响、社会影响等专题。

1. 前言

简要说明建设项目的特点、环境影响评价的工作过程、关注的主要环境问题及环境影响报告书的主要结论。

2. 总则

（1）编制依据

需包括建设项目应执行的相关法律法规、相关政策及规划、相关导则及技术规范、相关技术文件和工作文件，以及环境影响报告书编制中引用的资料等。

（2）评价因子与评价标准

分列现状评价因子和预测评价因子，给出各评价因子所执行的环境质量标准、排放标准、其他有关标准及具体限值。

（3）评价工作等级和评价重点

说明各专项评价工作等级，明确重点评价内容。

（4）评价范围及环境敏感区

以图、表形式说明评价范围和各环境要素的环境功能类别或级别，各环境要素环境敏感区和功能及其与建设项目的相对位置关系等。

（5）相关规划及环境功能区划

附图表说明建设项目所在城镇、区域或流域发展总体规划、环境保护规划、生态保护规划、环境功能区划或保护区规划等。

3. 建设项目概况与工程分析

采用图表及文字结合方式，概要说明建设项目的基本情况、组成、主要工艺路线、工程布置及与原有、在建工程的关系。

对建设项目的全部组成和施工期、运营期、服务期满后所有时段的全部行为过程的环境影响因素及其影响特征、程度、方式等进行分析与说明，突出重点；并从保护周围环境、景观及环境保护目标要求出发，分析总图及规划布置方案的合理性。

4．环境现状调查与评价

根据当地环境特征、建设项目特点和专项评价设置情况，从自然环境、社会环境、环境质量和区域污染源等方面选择相应内容进行现状调查与评价。

进行环境现状调查时，要根据建设项目污染源及所在地区的环境特点，结合各专项评价的工作等级和调查范围，筛选出应调查的有关参数；充分搜集和利用现有的有效资料，当现有资料不能满足要求时，需进行现场调查和测试，并分析现状监测数据的可靠性和代表性；对与建设项目有密切关系的环境状况应全面、详细调查，给出定量的数据并做出分析或评价；对一般自然环境与社会环境的调查，应根据评价地区的实际情况，适当增减。

环境现状调查的方法主要有收集资料法、现场调查法、遥感和地理信息系统分析法等。

环境现状调查与评价内容包括以下几个方面：

自然环境现状调查与评价包括地理地质概况、地形地貌、气候与气象、水文、土壤、水土流失、生态、水环境、大气环境、声环境等调查内容。根据专项评价的设置情况选择相应内容进行详细调查。

社会环境现状调查与评价包括人口（少数民族）、工业、农业、能源、土地利用、交通运输等现状及相关发展规划、环境保护规划的调查。当建设项目拟排放的污染物毒性较大时，应进行人群健康调查，并根据环境中现有污染物及建设项目将排放污染物的特性选定调查指标。

环境质量和区域污染源现状调查与评价包括：① 根据建设项目特点、可能产生的环境影响和当地环境特征选择环境要素进行调查与评价。② 调查评价范围内的环境功能区划和主要的环境敏感区，收集评价范围内各例行监测点、断面或站位的近期环境监测资料或背景值调查资料，以环境功能区为主兼顾均布性和代表性布设现状监测点位。③ 确定污染源调查的主要对象。选择建设项目等标排放量较大的污染因子、影响评价区环境质量的主要污染因子和特殊因子以及建设项目的特殊污染因子作为主要污染因子，注意点源与非点源的分类调查。④ 采用单因子污染指数法或相关标准规定的评价方法对选定的评价因子及各环境要素的质量现状进行评价，并说明环境质量的变化趋势。⑤ 根据调查和评价结果，分析存在的环境问题，并提出解决问题的方法或途径。

其他环境现状调查包括：根据当地环境状况及建设项目特点，决定是否进行放射性、光与电磁辐射、振动、地面下沉等环境状况的调查。

5. 环境影响预测与评价

设定预测时段、预测内容、预测范围、预测方法及预测结果，并根据环境质量标准或评价指标对建设项目的环境影响进行评价。

环境影响预测和评价内容包括以下方面。

（1）建设项目的环境影响，按照建设项目实施过程的不同阶段，可以划分为建设阶段的环境影响、生产运行阶段的环境影响和服务期满后的环境影响。还应分析不同选址、选线方案的环境影响。

（2）当建设阶段的噪声、振动、对地表水、地下水、大气、土壤等的影响程度较重、影响时间较长时，应进行建设阶段的环境影响预测。

（3）应预测建设项目生产运行阶段正常排放、非正常排放、事故排放等情况的环境影响。

（4）应进行建设项目服务期满的环境影响评价，并提出环境保护措施。

（5）进行环境影响评价时，应考虑环境对建设项目影响的承载能力。

（6）涉及有毒有害、易燃、易爆物质生产、使用、贮存，存在重大危险源，存在潜在事故并可能对环境造成危害，包括健康、社会及生态风险（如外来生物入侵的生态风险）的建设项目，需进行环境风险评价。

（7）分析所采用的环境影响预测方法的适用性。

6. 社会环境影响评价

明确建设项目可能产生的社会环境影响，定量预测或定性描述社会环境影响评价因子的变化情况，提出降低影响的对策与措施。

社会环境影响评价主要内容包括征地拆迁、移民安置、人文景观、人群健康、文物古迹、基础设施（如交通、水利、通信）等方面的影响评价。同时收集反映社会环境影响的基础数据和资料，筛选出社会环境影响评价因子，定量预测或定性描述评价因子的变化。分析正面和负面的社会环境影响，并对负面影响提出相应的对策与措施。

7. 环境风险评价

根据建设项目环境风险识别、分析情况，给出环境风险评估后果、环境风险的可接受程度，从环境风险角度论证建设项目的可行性，提出具体可行的风险防范措施和应急预案。

8．环境保护措施及其经济、技术论证

明确建设项目拟采取的具体环境保护措施。结合环境影响评价结果，论证建设项目拟采取环境保护措施的可行性，并按技术先进、适用、有效的原则，进行多方案比选，推荐最佳方案。

按工程实施不同时段，分别列出环境保护投资额，并分析其合理性。编制各项措施及投资估算一览表。

9．清洁生产分析和循环经济

量化分析建设项目清洁生产水平，提高资源利用率、优化废物处置途径，提出节能、降耗、提高清洁生产水平的改进措施与建议。

10．污染物排放总量控制

根据国家和地方总量控制要求、区域总量控制的实际情况及建设项目主要污染物排放指标分析情况，提出污染物排放总量控制指标建议和满足指标要求的环境保护措施。

11．环境影响经济损益分析

根据建设项目环境影响所造成的经济损失与效益分析结果，提出补偿措施与建议。

从建设项目产生的正负两方面环境影响，以定性与定量相结合的方式，估算建设项目所引起环境影响的经济价值，并将其纳入建设项目的费用效益分析中，作为判断建设项目环境可行性的依据之一。

以建设项目实施后的影响预测与环境现状进行比较，从环境要素、资源类别、社会文化等方面筛选出需要或者可能进行经济评价的环境影响因子，对量化的环境影响进行货币化，并将货币化的环境影响价值纳入建设项目的经济分析。

12．环境管理与环境监测

根据建设项目环境影响情况，提出设计期、施工期、运营期的环境管理及监测计划要求，包括环境管理制度、机构、人员、监测点位、监测时间、监测频次、监测因子等。

13．公众意见调查

包括采取的调查方式、调查对象、建设项目的环境影响信息、拟采取的环境保护措施、公众对环境保护的主要意见、公众意见的采纳情况等。

公众参与要求在环境影响评价过程中全过程参与，并需充分注意参与公众的广泛性和代表性，参与对象应包括可能受到建设项目直接影响和间接影响的有关企事业单位、社会团体、非政府组织、居民、专家和公众等。

公众意见调查方法可根据实际需要和具体条件，采取包括问卷调查、座谈会、论证会、听证会及其他形式在内的一种或者多种形式，征求有关团体、专家和公众的意见。

在公众知情的情况下开展，应告知公众建设项目的有关信息，包括建设项目概况、主要的环境影响、影响范围和程度、预计的环境风险和后果，以及拟采取的主要对策措施和效果等。

按“有关团体、专家、公众”对所有的反馈意见进行归类与统计分析，并在归类分析的基础上进行综合评述；对每一类意见，均应进行认真分析、回答采纳或不采纳并说明理由。

14．方案比选

建设项目的选址、选线和规模，应从是否与规划相协调、是否符合法规要求、是否满足环境功能区要求、是否影响环境敏感区或造成重大资源经济和社会文化损失等方面进行环境合理性论证。如要进行多个厂址或选线方案的优选时，应对各选址或选线方案的环境影响进行全面比较，从环境保护角度，提出选址、选线意见。

15．环境影响评价结论

环境影响评价结论是全部评价工作的结论，应在概括全部评价工作的基础上，简洁、准确、客观地总结建设项目实施过程各阶段的生产和生活活动与当地环境的关系，明确一般情况下和特定情况下的环境影响，规定采取的环境保护措施，从环境保护角度分析，得出建设项目是否可行的结论。

环境影响评价的结论一般应包括建设项目的建设概况、环境现状与主要环境问题、环境影响预测与评价结论、建设项目建设的环境可行性、结论与建议等内容，可有针对性地选择其中的全部或部分内容进行编写。环境可行性结论应从与法规政策及相关规划一致性、清洁生产和污染物排放水平、环境保护措施可靠性和合理性、达标排放稳定性、公众参与接受性等方面分析得出。

16．附录和附件

将建设项目依据文件、评价标准、污染物排放总量批复文件、引用文献资料、原燃料品质等必要的有关文件、资料附在环境影响报告书后。

第四节　环境影响评价大纲

一、环境影响评价大纲在环境影响评价工作中的作用和地位

环境影响评价大纲简称环评大纲或评价大纲，它在开展评价工作之前编制，它既是具体指导建设项目环境影响评价的技术文件，也是检查报告书内容和质量的主要判据。环评大纲应在接到建设单位提供的已批准的项目建议书的基础上，充分研读有关文件，在初步工程分析和现状调查的基础上进行编写。

二、环境影响评价大纲的主要内容

1．总则

评价任务由来、编制依据、控制污染物保护的环境目标、采用的评价标准、评价项目、工作等级、工作重点。

2．建设项目概况

如果扩建和改建工程需说明现有工程概况。

3．拟建地区的环境简况

需附位置图。

4．工程分析的方法和内容及重点

工程分析主要有三种方法：类比分析法、物料衡算法和资料分析法。内容及重点主要有：工艺过程、资源和能源的消耗、正常和非正常排放。

5．周围地区的环境现状调查

包括必要的监测和布点图，调查参数、调查范围和调查方法、时期、地点、次数等。

6．环境影响预测

预测方法、模式、计算方法，预测范围，预测时段，参数估值的方法、综合评价的方法。

7. 成果清单、拟提出的结论和建议的内容

8. 评价工作的组织和计划安排

9. 经费概算

10. 实施方案

此外，存在下列三种情况之一者要编写实施方案：

（1）资料不足、大纲不足以指导下步工作。

（2）项目影响非常严重、环境后果严重。

（3）环境状况十分敏感。

三、对环评大纲的考核内容

评判一份环评大纲的编制是否符合要求，可以按表 1.7 对环境影响评价持证单位进行日常考核。

表 1.7　环境影响评价持证单位日常考核表（环评大纲编制）

考核内容	满分	评分
1. 大纲编制前期准备工作（实施调研、资料收集、组织协调等）是否充分	5	
2. 依据文件是否齐全	5	
3. 评价范围、敏感保护目标的确定是否正确	10	
4. 评价标准选用是否合理	10	
5. 概况阐述是否体现工程特点和环境特征	10	
6. 污染因子、评价因子的识别和筛选是否正确	10	
7. 专题设置和评价重点的确定是否合理	10	
8. 监测项目、点位（断面）、时段、频次设定的代表性、合理性	10	
9. 预测评价的模式、参数和方法的选用是否正确	10	
10. 大纲编制的广度、深度和可操作性	5	
11. 大纲编制中对有关环境保护法规、政策、制度的执行情况	5	
12. 大纲编制（包括图、表绘制）是否规范	5	
13. 拟订的评价收费是否合理	5	
总计	100	

评审考核人认为大纲编制在某些方面有开拓、有特色需加分的（<10 分）请列项表述：

第五节　环境影响评价标准

一、环境保护标准的作用

从事环境保护工作，必然要使用环境保护的一系列标准。这些标准的制定和实施有效地保护和改善了环境、有力地控制了污染物的排放和产生。由于标准的制定过程不但考虑到了所能获得的最佳环境效果，并且考虑到了当时所具有的技术水平和经济、社会承受能力，所以每项标准的实施都能得到最大的社会效益、经济效益和环境效益。环境保护标准是由各届政府颁发的一种强制性的环保法规，也是环境立法的一部分，对推行环境保护这一基本国策起到不可替代的积极作用。

二、环境保护标准的分类

环境保护标准在国际上分为五类。

1. 环境保护基础标准

此类标准是对有关环境保护的技术术语、符号、代号、制图方法、标记方法、标准的编排方法、导则等所作的统一规定。它为各种标准提供了统一语言，是制定其他标准的基础，如中华人民共和国环境保护标准的编制、出版、印刷标准等。

2. 环境保护方法标准

此类标准包括采样、分析、试验的操作规程、误差分析、模拟公式、制定其他标准、基准物的规范、方法，以及各种评价所采用的技术导则等，如所有污染物的测定方法。从国际上看一般方法标准尽量与国际上取得统一，以便于国际交往和协作。

指导环境影响评价的技术导则也属方法标准之列，现在环保部和其他部门已发布或修订且正在使用的环境影响评价技术导则包括两类，一类是针对所有项目通用的导则，另一类是针对一些专门建设项目的技术导则。

针对所有项目通用的导则有：《环境影响评价技术导则　总纲》（HJ 2.1—2011）、《环境影响评价技术导则　大气环境》（HJ 2.2—2008）、《环境影响评价技术导则　声环境》（HJ 2.4—2009）、《环境影响评价技术导则　生态影响》（HJ

19—2011)、《环境影响评价技术导则　地下水环境》(HJ 610—2016)、《开发区区域环境影响评价技术导则》(HJ/T 131—2003) 等。

针对专门建设项目的导则有:《环境影响评价技术导则　制药建设项目》(HJ 611—2011)、《建设项目竣工环境保护验收技术规范　石油天然气开采》(HJ 612—2011)、《环境影响评价技术导则　农药建设项目》(HJ 582—2010)、《环境影响评价技术导则　城市轨道交通》(HJ 453—2008)、《环境影响评价技术导则　陆地石油天然气开发建设项目》(HJ/T 349—2007) 等。

另外，还有地方污染物排放标准的指导方法，如大气、水污染物排放地方标准的制定方法等。

3. 环境质量标准

环境质量标准是为了保护人群的身体健康、社会财富和维持生态平衡，对一定的空间范围内的有害于环境的物质或因素所容许的数量或强度所做的政府规定。它体现了各国政府的环境政策、所要维持的环境目标，是制定污染排放标准的依据，是评价各地环境质量的准绳，是综合防治污染和环境管理的有力武器。

为了制定环境质量标准，首先需对拟规定的污染物或污染因素找出其环境基准值。一般通过毒理实验、流行病学调查、社会调查得到环境基准，按针对的研究对象不同分为卫生基准、生物基准、社会基准、化学基准等。环境基准是客观的、科学的，不以人的意志为转移的。

目前我国有关的环境质量标准包括:

《地表水环境质量标准》(GB 3838—2002)、《海水水质标准》(GB 3097—1997)、《环境空气质量标准》(GB 3095—2012)、《土壤环境质量标准》、(GB 15618—1995)、《声环境质量标准》(GB 3096—2008) 等。

4. 污染物排放标准

污染物排放标准是国家(地方、部门)为实现环境质量标准，结合经济技术条件和数量所做的限量规定。我国污染物排放标准包括综合排放标准和行业排放标准，以下列举一些目前我国已颁布且正在使用的排放标准。

(1) 大气排放标准

《大气污染物综合排放标准》(GB 16297—1996)

《再生铜、铝、铅、锌工业污染物排放标准》(GB 31574—2015)

《无机化学工业污染物排放标准》(GB 31573—2015)

《合成树脂工业污染物排放标准》(GB 31572—2015)

《石油化学工业污染物排放标准》（GB 31571—2015）
《石油炼制工业污染物排放标准》（GB 31570—2015）
《锅炉大气污染物排放标准》（GB 13271—2014）
《电池工业污染物排放标准》（GB 30484—2013）
《水泥工业大气污染物排放标准》（GB 4915—2013）
《砖瓦工业大气污染物排放标准》（GB 29620—2013）
《橡胶制品工业污染物排放标准》（GB 27632—2011）
（2）污水排放标准
《污水综合排放标准》（GB 8978—1996）
《制革及毛皮加工工业水污染物排放标准》（GB 30486—2013）
《铁矿采选工业污染物排放标准》（GB 28661—2012）
《炼焦化学工业污染物排放标准》（GB 16171—2012）
《铁合金工业污染物排放标准》（GB 28666—2012）
《柠檬酸工业水污染物排放标准》（GB 19430—2013）
《合成氨工业水污染物排放标准》（GB 13458—2013）
《麻纺工业水污染物排放标准》（GB 28938—2012）
《毛纺工业水污染物排放标准》（GB 28937—2012）
《钢铁工业水污染物排放标准》（GB 13456—2012）
（3）固体废物排放标准
《生活垃圾焚烧污染控制标准》（GB 18485—2014）
《农业固体废物污染控制技术导则》（HJ 588—2010）
《生活垃圾填埋场渗滤液处理工程技术规范（试行）》（HJ 564—2010）
《生活垃圾填埋场污染控制标准》（GB 16889—2008）
（4）声排放标准
《建筑施工场界环境噪声排放标准》（GB 12523—2011）
《社会生活环境噪声排放标准》（GB 22337—2008）

5. 国外污染警戒标准

有些污染项目，国内没有相关排放标准要求，可以参照国外某些污染警戒标准，但要考虑适用条件。

第六节 环境影响评价法律法规

我国已将环境影响评价纳入法制轨道,《中华人民共和国环境影响评价法》已由中华人民共和国第九届全国人民代表大会常务委员会第三十次会议于 2002 年 10 月 28 日通过，自 2003 年 9 月 1 日起施行。

《中华人民共和国环境影响评价法》的第一条就指出了制定该法的目的是“为了实施可持续发展战略，预防因规划和建设项目实施后对环境造成不良影响，促进经济、社会和环境的协调发展，制定本法。”

在第二条中说明了环境影响评价的定义,“本法所称环境影响评价，是指对规划和建设项目实施后可能造成的环境影响进行分析、预测和评估，提出预防或者减轻不良环境影响的对策和措施，进行跟踪监测的方法与制度。”

按《中华人民共和国环境影响评价法》规定需做两方面的评价，一方面是第二章规定“规划的环境影响评价”，第七条明确规定“国务院有关部门、设区的市级以上地方人民政府及其有关部门，对其组织编制的土地利用的有关规划，区域、流域、海域的建设、开发利用规划，应当在规划编制过程中组织进行环境影响评价，编写该规划有关环境影响的篇章或者说明。”另一方面是第三章“建设项目的环境影响评价”，第十六条明确规定“国家根据建设项目对环境的影响程度，对建设项目的环境影响评价实行分类管理。建设单位应当按照下列规定组织编制环境影响报告书、环境影响报告表或者填报环境影响登记表（以下统称环境影响评价文件)：（一）可能造成重大环境影响的，应当编制环境影响报告书，对产生的环境影响进行全面评价；（二）可能造成轻度环境影响的，应当编制环境影响报告表，对产生的环境影响进行分析或者专项评价；（三）对环境影响很小、不需要进行环境影响评价的，应当填报环境影响登记表。”

《建设项目环境影响评价分类管理名录》已于 2015 年 3 月 19 日由环境保护部部务会议修订通过，自 2015 年 6 月 1 日起施行。其中第二条规定“国家根据建设项目对环境的影响程度，对建设项目的环境影响评价实行分类管理。建设单位应当按照本名录的规定，分别组织编制环境影响报告书、环境影响报告表或者填报环境影响登记表。” 第三条规定“本名录所称环境敏感区，是指依法设立的各级各类自然、文化保护地，以及对建设项目的某类污染因子或者生态影响因子特别敏感的区域，主要包括：（一）自然保护区、风景名胜区、世界文化和自然遗产地、饮用水水源保护区；（二）基本农田保护区、基本草原、森林公园、地质公园、重要湿地、天然林、珍稀濒危野生动植物天然集中分布区、重要水生生物的自然产卵场、索饵场、越冬场和洄游通道、天然渔场、资源性缺水地区、水土流失重点防治区、沙化土地封禁保护区、封闭及半封闭海域、富营养化水域；（三）以居住、医疗卫生、文化教育、科研、行政办公等为主要功能的区域，文物保护单位，具有特殊历史、文化、科学、民族意义的保护地。”

《中华人民共和国环境保护法》（1989 年 12 月 26 日第七届全国人民代表大会常务委员会第十一次会议通过，2014 年 4 月 24 日第十二届全国人民代表大会常务委员会第八次会议修订）第十九条明确规定：“编制有关开发利用规划，建设对环境有影响的项目，应当依法进行环境影响评价。未依法进行环境影响评价的开发利用规划，不得组织实施；未依法进行环境影响评价的建设项目，不得开工建设。”

除了上述的两种法律对环境影响评价有相应的规定外，在其他有关法律条文中也有关于环境影响评价的相应规定，例如：

《中华人民共和国大气污染防治法》第十一条规定，新建、扩建、改建向大气排放污染物的项目，必须遵守国家有关建设项目环境保护管理的规定。建设项目的环境影响报告书，必须对建设项目可能产生的大气污染和对生态环境的影响作出评价，规定防治措施，并按照规定的程序报环境保护行政主管部门审查批准。

《中华人民共和国水污染防治法》第十七条规定，新建、改建、扩建直接或者间接向水体排放污染物的建设项目和其他水上设施，应当依法进行环境影响评价。

《中华人民共和国固体废物污染环境防治法》第十三条规定，建设产生固体废物的项目以及建设贮存、利用、处置固体废物的项目，必须依法进行环境影响评价，并遵守国家有关建设项目环境保护管理的规定。

《中华人民共和国环境噪声污染防治法》第十三条规定，新建、改建、扩建的建设项目，必须遵守国家有关建设项目环境保护管理的规定。建设项目可能产生环境噪声污染的，建设单位必须提出环境影响报告书，规定环境噪声污染的防治措施，并按照国家规定的程序报环境保护行政主管部门批准。环境影响报告书中，应当有该建设项目所在地单位和居民的意见。

我国于 1981 年颁发了《基本建设项目环境保护管理办法》，于 1986 年对其加以修正，重新颁发了《建设项目环境保护管理办法》。1988 年国家环保局又颁发了《关于建设项目环境管理若干问题的意见》。

在这些文件中明确规定了对未经环境保护主管部门批准环境影响报告书(表)的建设项目，计划部门不办理设计任务书的审批手续，土地管理部门不办理征地手续，银行不予贷款。

其他同环境影响评价有关的法令还有《建设项目环境影响评价证书管理办法》《建设项目环境影响评价收费标准的原则与方法（试行)》等。

另外，地方政府为了贯彻执行国家有关法令均发布了相应的通知和条例以及结合本地特点的实施细则等。

除了这些专门的法律和条例，一些相关的法律和条例中也有对环境影响评价的规定，如《中华人民共和国清洁生产促进法》《中华人民共和国森林法》《中华人民共和国草原法》《中华人民共和国渔业法》《中华人民共和国矿产资源法》《中华人民共和国土地管理法》《基本农田保护条例》《中华人民共和国土地管理法实施条例》《中华人民共和国水法》《中华人民共和国水土保持法》《中华人民共和国水土保持法实施条例》《中华人民共和国野生动物保护法》《中华人民共和国陆生野生动物保护实施条例》《中华人民共和国水生野生动物保护实施条例》《中华人民共和国野生植物保护条例》《中华人民共和国煤炭法》《中华人民共和国防洪法》《中华人民共和国城市规划法》《中华人民共和国文物保护法》《中华人民共和国河道管理条例》《风景名胜区管理暂行条例》等。

思考题

1. 试述我国环境影响评价制度的发展。
2. 以大气和地面水为例说明如何划分环境影响评价工作等级。
3. 我国环境影响评价都要经过哪些程序?
4. 请列出 10 种环境影响评价中用到的环境标准。
5. 请列出 10 种环境影响评价中可能用到的法律。

第二章　污染源调查与分析

第一节　污染源与污染物

污染源是指对环境产生污染影响的污染物的来源。在开发建设和生产过程中，凡以不适当的浓度、数量、速率、形态进入环境系统而产生污染或降低环境质量的物质和能量，称为环境污染物，简称污染物。

一、污染源的分类

根据污染物的来源、特征，污染源结构、形态和调查研究目的的不同，污染源可分为不同的类型。

根据污染物产生的主要来源，可将污染源分为自然污染源和人为污染源。自然污染源分为生物污染源（鼠、蚊、蝇、菌等）和非生物污染源（火山、地震、泥石流等）。人为污染源分为生产性污染源（工业、农业、交通、科研）和生活污染源（住宅、学校、医院、商业）。

按对环境要素的影响，环境污染源可分为大气污染源、水体污染源（地面水污染源、地下水污染源、海洋污染源）、土壤污染源和噪声污染源。

按污染源几何形状可分为点源、线源和面源。

按污染物的运动特性可分为固定源和移动源。

污染源类型不同，对环境影响的方式和程度也不同。

二、污染物的分类

污染物按其物理、化学、生物特性，可分为物理污染物（噪声、光、热、放射性、电磁波)，化学污染物(无机污染物、有机污染物或重金属、石油类)，生物污染物(病菌、病毒、霉菌、寄生虫卵)，综合污染物(烟尘、废渣、致病有机体)。

按环境要素分类，污染物可分为水环境污染物(乙醛、油类、苯胺、汞、DDT、六六六、氨、酸、碱、硫化物、锌、BOD、SS 等)、大气污染物(氰化物、四氯化碳、苯、二硫化碳、NO_x、SO_x、HF、含氯污染物、烟尘、粉尘、水雾、酸雾等)和土壤污染物。

大气污染物通过降水可以转变为水污染物和土壤污染物；水污染物可以通过灌溉转变为土壤污染物，进而通过蒸发或挥发转变为大气污染物；土壤污染物通过扬尘转变为大气污染物，通过径流转变为水污染物。因此，这三者是可以相互转化的。表 2.1 为各工业行业主要污染物排放清单。

表 2.1　各工业行业主要污染物排放清单

行业		大气污染因子	水污染因子	固体废物污染因子
冶金矿山		TSP、NO_x、CO、H_2S	pH、SS、S^{2-}	√
黑色冶金		TSP、SO_2、NO_x、CO 等	pH、SS、S^{2-}、COD、F^-、CN^-、石油类、酚等	√
有色金属采矿及冶炼		SO_2、NO_x、CO、TSP、重金属等	pH、SS、S^{2-}、COD、F^-、Cu、Pb、Zn、As、Cd、Hg、Cr^{6+}、挥发酚、CN^-等	√
焦炭		SO_2、CO、NO_x、H_2S、NH_3、TSP、酚、苯并[a]芘等	COD、BOD、SS、S^{2-}、CN^-、挥发酚、石油、苯类、NH_4^+、多环芳烃等	
选矿药剂		CS_2、H_2S、TSP 等	COD、BOD、SS、S^{2-}、挥发酚等	
石油开发		烃类	COD、SS、S^{2-}、石油、挥发酚等	
石油化工		SO_2、NO_x、Pb、C_nH_m、H_2S、苯、酚、醛、CO、TSP、HCl 等	pH、COD、BOD、SS、S^{2-}、挥发酚、CN^-、石油、苯、多环芳烃等	
无机原料	硫酸	SO_2、SS、重金属、H_2SO_4、F^-、NO_x 等	pH、SS、S^{2-}、F^-、Cu、Pb、Zn、Cd、As 等	
	氯碱	Cl_2、HCl、Hg 等	pH、COD、SS、Hg 等	
化肥	磷肥	TSP、SO_2 等	pH、COD、SS、F^-、As、P 等	
	氮肥	CO、NH_3、H_2S、TSP 等	COD、BOD、CN^-、S^{2-}、As、挥发酚等	
电力		SO_2、NO_x、CO、TSP、C_nH_m、苯并[a]芘等	pH、SS、S^{2-}、酚、As、Pb、Cd、石油、热等	√

行业	大气污染因子	水污染因子	固体废物污染因子
水泥	TSP 等	pH、SS 等	
造纸	H_2S、TSP、甲醛、硫醇等	pH、SS、COD、BOD、S^{2-}、Pb、Hg、木质素、酚、色度等	

注：“√”说明有固体废物污染因子。

第二节　污染源调查内容

污染源排放的污染物质的种类、数量、排放方式、途径及污染源的类型和位置，直接关系到其影响对象、范围和程度。污染源调查就是要了解、掌握上述情况及其他有关问题，找出建设项目和所在区域内现有的主要污染源和主要污染物，作为评价的基础。

一、工业污染源调查内容

1．企业和项目概况

企业或项目名称、厂址、主管机关名称、企业性质、项目组成、规模、厂区占地面积、职工构成、固定资产、投产年代、产品、产量、产值、利润、生产水平、企业环境保护机构名称、辅助设施、配套工程、运输和储存方式等。

2．工艺调查

工艺原理、工艺流程、工艺水平、设备水平、环保设施等。

3．能源、水源、原辅材料情况

能源构成、产地、成分、单耗、总耗；

水源类型、供水方式、供水量、循环水量、循环利用率、水平衡；

原辅材料种类、产地、成分及含量、消耗定额、总消耗量。

4．生产布局调查

企业或项目总体布局、原料和燃料堆放场、车间、办公室、厂区、居民区、堆渣场、污染源的位置、绿化带等。

5．管理调查

管理体制、编制、生产制度、管理水平及经济指标；环境保护管理机构编制、环境管理水平等。

6．污染物治理调查

工艺改革、综合利用、管理措施、治理方法、治理工艺、投资、效果、运行费用、副产品的成本及销路、存在的问题、改进措施、今后治理规划或设想。

7．污染物排放情况调查

污染物种类、数量、成分、性质；排放方式、规律、途径、排放浓度、排放量（日、年）；排放口位置、类型、数量、控制方法；排放去向，历史情况、事故排放情况。

8．污染危害调查

人体健康危害调查、动植物危害调查、污染物危害造成的经济损失调查、危害生态系统情况调查。

9．发展规划调查

生产发展方向、规模、指标、“三同时”措施、预期效果及存在的问题等。

二、生活污染源调查内容

生活污染源主要指住宅、学校、医院、商业及其他公共设施。它排放的主要污染物包括污水、粪便、垃圾、污泥、废气等。

1．城市居民人口调查

包括总人数、总户数、流动人口、人口构成、人口分布、密度、居住环境。

2．城市居民用水和排水调查

包括用水类型（城市集中供水、自备水源），人均用水量，办公楼、旅馆、商店、医院及其他单位的用水量，下水道设置情况（有无下水道、下水去向），机关、学校、商店、医院有无化粪池及小型污水处理设施。

3．民用燃料调查

包括燃料构成（煤、煤气、液化气）、来源、成分、供应方式、消耗情况（年、月、日用量，每人消耗量、各区消耗量）。

4．城市垃圾及处置方法调查

包括垃圾种类、成分、数量，垃圾场的分布，输送方式、处置方式，处理站自然环境，处理效果，投资、运行费用，管理人员、管理水平。

三、农业污染源调查

农业常常是环境污染的主要受害者，同时，由于施用农药、化肥，如果使用不合理也产生环境污染。

1. 农药使用情况的调查

包括农药品种，使用剂、方式、时间，施用总量、年限，有效成分含量（有机氯、有机磷、汞制剂、砷制剂等），稳定性等。

2. 化肥使用情况的调查

包括使用化肥的品种、数量、方式、时间，每亩平均施用量等。

3. 农业废弃物调查

包括农作物秸秆、牲畜粪便、农用机油渣等。

4. 农业机械使用情况调查

包括汽车、拖拉机台数，月、年耗油量，行驶范围和路线，其他机械的使用情况等。

除上述污染源调查外，还有交通污染源调查，噪声污染源调查，放射性污染源调查，电磁辐射污染源调查等。

在进行一个地区的污染源调查或某一单项污染源调查时，都应同时进行自然环境背景调查和社会背景调查。根据调查的目的不同、项目不同，调查内容可以有所侧重。自然背景包括地质、地貌、气象、水文、土壤、生物等；社会背景调查包括居民区、水源区、风景区、名胜古迹、工业区、农业区、林业区等。

第三节　污染源调查程序与方法

要防治污染，必须先了解污染源的状况，通过调查，掌握污染源的类型、数目及其分布；各种类型污染源排放的污染物的种类、数量及其随时间变化状况；各类污染源的排放方式、排放规律等。

一、污染源调查的原则

（1）明确目的要求。污染源调查和评价的目的、要求不同，其方法步骤也就不同。

（2）要把污染源、环境、生态和人体健康作为一个系统考虑，在调查时不仅要注意污染物的排放量，还要重视污染物的物理、化学特性，进入环境的途径以及对人体健康的影响等。

（3）重视污染源所处的位置及周围的环境状况。

（4）必须采用同一基础、同一标准、同一尺度，以便把各种污染源所排放的污染物进行比较。

二、污染源调查程序

根据污染源调查的目的要求，先制订出调查工作计划、程序、步骤、方法。一般污染源调查可分三个阶段：准备阶段、调查阶段、总结阶段。各阶段包括的内容见表 2.2。

表 2.2　污染源调查各阶段基本内容一览表

<table>
<tr><th>阶段</th><th>步骤</th><th>内容</th><th>方法</th></tr>
<tr><td rowspan="8">准备阶段</td><td>明确调查目的</td><td colspan="2">—</td></tr>
<tr><td>制订调查计划</td><td colspan="2">—</td></tr>
<tr><td rowspan="4">做好调查准备</td><td>组织准备</td><td rowspan="4">—</td></tr>
<tr><td>资料搜集</td></tr>
<tr><td>分析准备</td></tr>
<tr><td>工具准备</td></tr>
<tr><td rowspan="2">搞好调查试点</td><td>普查试点</td><td rowspan="2">—</td></tr>
<tr><td>详查试点</td></tr>
<tr><td rowspan="10">调查阶段</td><td>生产管理调查</td><td colspan="2" rowspan="2">—</td></tr>
<tr><td>污染物治理调查</td></tr>
<tr><td rowspan="6">污染物排放情况调查</td><td>种类</td><td>—</td></tr>
<tr><td rowspan="3">排放量</td><td>物料衡算法</td></tr>
<tr><td>排放系数法</td></tr>
<tr><td>现场监测法</td></tr>
<tr><td>排放方式</td><td rowspan="2">—</td></tr>
<tr><td>排放规律</td></tr>
<tr><td>污染物危害调查</td><td colspan="2" rowspan="2">—</td></tr>
<tr><td>生产发展调查</td></tr>
</table>

阶段	步骤	内容	方法
总结阶段	数据处理	—	
	建立档案		
	评价		
	文字报告		
	污染源分布图		

三、调查方法

通常把深入到工厂、企业、机关、学校等进行访问，召开各种类型座谈会的调查方法称为社会调查法，它可以使调查者获得许多关于污染源的活资料，对于污染源评价有着重要的作用。

为搞好污染源调查，可采用点面结合的方法，分为普查和详查两种。

普查是指首先从有关部门查清区域或流域内的工矿、交通运输等企、事业单位名单，采用发放调查表的方法对各单位的规模、性质和排污情况作概略调查。对于农业污染源和生活污染源也可到主管部门调查农业、渔业和禽畜饲养业的基础资料、人口统计资料、供排水和生活垃圾排放等方面资料，通过分析和推算得出本区域和流域内污染物排放的基本情况。在普查的基础上筛选出重点污染源，再进行详查。

详查是对重点污染源进行调查。各类污染源调查都应有自己的侧重点，同类污染源中，应选择污染物排放量大、影响范围广、危害程度大的污染源作为重点污染源，进行详查。对详查单位应派调查小组蹲点进行调查。详查的工作内容从广度和深度上，都超过普查。重点污染源对一个地区的污染影响较大，要认真调查好。

思考题

1. 污染源的分类及其调查方法有哪些？
2. 不同类型污染源调查的主要内容有哪些？
3. 确定污染物排放量的方法有哪些？

第三章　工程分析

第一节　工程分析的主要任务和作用

一、工程分析的任务

工程分析是环境影响预测和评价的基础，并且贯穿于整个评价工作的全过程。工程分析是对建设项目所产生的影响环境的因素进行分析，其主要任务是通过对建设项目的一般工程特征、污染特征以及可能导致生态破坏的因素作全面的剖析，从宏观上阐明开发建设活动与环境保护之间的关系，从微观上为环境影响评价工作提供基础数据。

二、工程分析的作用

1. 工程分析可以为建设项目的环境管理决策提供依据

对于拟建项目无论是选址还是生产工艺，都应是多方案的。不同方案对环境造成的影响是不同的，通过对不同方案的工程分析可以从一个角度比较出各方案对环境影响的大小，为有关部门的主管人员就项目的可行性、对环境影响大小，从项目方案中优选出好方案并进行决策提供依据。

在一般情况下工程分析从环境保护的角度出发对建设项目的性质、产品结构、生产规模、原料路线、工艺方法、设备选型、能源结构、技术经济指标、总图布置、土地利用、移民数量及产量方式等所做出的分析结果可以作为环境管理和项目评价的重要依据，有时甚至可以根据工程分析的结果立即做出判断。

在特定的环境敏感区内，如居民区、文教区、水源保护地、名胜古迹、风景游览区、疗养区、自然保护区等法定区，布置有污染影响并且能够成危害的建设项目时，可以直接给出否定结论。

通过工程分析发现改建、扩建项目与技术改造项目实施后，污染状况比现状有明显改善时，则可做出肯定的结论。

在水资源紧缺的地区布置耗水大型建设项目时，若无法妥善解决供水措施问题，可以做出要求改变产品结构和限制生产规模或否定建设的结论。

对在自净能力差，环境容量已接近饱和的地区建设污染物排放量大的项目，从而增加现有的污染负荷，并无法在区域内进行调控的，原则上可以做出否定的结论。

2．工程分析可以为环境影响评价提供基础数据

通过工程的污染特征分析可以阐明污染物的排放点、数量、种类、浓度、强度、排放口的布局、排放的方式等。通过这些基础数据方能确定环境影响评价的工作等级、专题设置、评价项目等。

3．工程分析可以为环保治理工程提供优化设计建议

工程分析过程运用物料衡算和清洁生产审计方法，可以发现拟建项目工艺过程中原材料利用和工艺技术中不合理的环节，以及废水、废气和固体废物的主要来源及削减其排放量的主要途径，这为改进生产工艺指出了方向。通过工程分析对可以建设项目拟建的治理措施从工艺流程上、选用设备上判断其可靠性、先进性、实用性等，所以它是优化环保设计不可缺少的。

4．工程分析为建设项目建成后的环境管理提供依据

通过工程分析筛选出来的主要污染因子，也是环境管理部门日常管理的对象，提出的环境保护措施也是项目进行工程验收的重要依据，因此，工程分析为项目建成后的环境管理提供一定的依据。

第二节　工程分析的原则

工程分析要以国家的政策、法规为依据。在开展工程分析时，应从可持续发展要求出发，依据有关产业政策、能源和资源利用政策、环保技术政策等指出项目存在的问题并提出合理化建议，这是工程分析有效性的基础。

拟建项目对环境有影响的因子很多，必须从众多因素中筛选出主要因子作为重点才能评深、评透，保证不遗漏那些有重大影响的因子。如果所选因子过多，势必顾此失彼，漏失对某些重大影响因子的分析和评价。

工程分析必须十分慎重、仔细，所提出的定性资料应确凿，定量数据应准确。从类比工程借用的资料应经过认真筛选和审核，建立数据、资料的质量保证制度是很必要的，要特别注意对不确定性因素，特别是对环境有严重影响的事故因素的分析和识别。

对于污染物的排放量等可定量表述的内容，应通过分析尽量给出定量的结果。

一、在技术上，工程分析要遵循的原则

（1）工程分析的过程中应贯彻有关的技术政策、法律、法规等。

（2）工程分析应有明确的针对性，在分析判断的过程中应筛选危害最大的一些污染因子加以分析，以便于实际问题的操作和解决。

（3）工程分析应为各个专题评价提供翔实可靠的数据。

（4）工程分析应为项目选址、工程设计提出优化抉择的建议。

综上所述，工程分析要在掌握工程概况的前提下，阐明物料的流向，能源的流向，污染物的流向，建设地基础设施的现状及规划、可能发生的事故、建设项目的经济损益和开发建设项目的依据。

二、基本要求

1. 突出重点

根据各类型建设项目的工程内容及其特征，对环境可能产生较大影响的主要因素要进行深入分析。

2. 数据资料准确

应用的数据资料要真实、准确、可信。对建设项目的规划、可行性研究和初步设计等技术文件中提供的资料、数据、图件等，应进行分析后再引用；引用现有资料进行环境影响评价时，应分析其时效性；类比分析数据、资料时应分析其相同性或者相似性。

3. 结合实际

结合建设项目工程组成、规模、工艺路线，对建设项目环境影响因素、方式、强度等进行详细分析与说明。

第三节　工程分析的工作内容

工程分析主要是从以下几方面分析建设项目与环境影响有关的情况。

工艺过程：通过对工艺过程各环节的分析，了解各类影响的来源，各种污染物的排放情况，各种废物的治理、回收、利用措施及其运行与污染物排放间的关系等。

资源、能源的储运：通过对建设项目资源、能源、废物等的装卸、搬运、储藏、预处理等环节的分析，掌握与这些环节有关的环境影响来源的各种情况。

交通运输：分析由于建设项目的建设和运行，使当地及附近地区交通运输量增加所带来的环境影响。

厂地的开发利用：通过了解拟建项目对土地的开发利用，了解土地利用现状和环境间的关系，以分析厂地开发利用带来的环境影响。

对建设项目生产运行阶段的开车、停车、检修、一般性事故和泄漏等情况时的污染物不正常排放进行分析，找出这类排放的来源、发生的可能性及发生的频率等。

工程分析应以工艺过程为重点，并且不可忽略污染物的不正常排放。对资源、能源的储运、交通运输及厂地开发利用是否分析及分析的深度，应根据工程、环境的特点及评价工作等级决定。下面对工程分析的内容详细说明。

一、工程基本数据

1. 建设项目基本情况

主要包括建设项目规模、主要生产设备和公用及贮运装置、平面布置；主要原辅材料及其他物料的理化性质、毒理特征及其消耗量；能源消耗数量、来源及其储运方式；原料及燃料的类别、构成与成分；产品及中间体的性质、数量；物料平衡、燃料平衡、水平衡、特征污染物平衡；工程占地类型及数量、土石方量、取弃土量、建设周期、运行参数及总投资等。

2. 水平衡分析

根据“清污分流、一水多用、节约用水”的原则做好水平衡，给出总用水量、新鲜用水量、废水产生量、循环使用量、处理量、回用量和最终外排量等，明确具体的回用部位；根据回用部位的水质、温度等工艺要求，分析废水回用的可行性；按照国家节约用水的要求，提出进一步节水的有效措施。

3．改扩建及异地搬迁建设项目

改扩建及异地搬迁建设项目需说明现有工程的基本情况、污染排放及达标情况、存在的环境保护问题及拟采取的整改措施等内容。

二、污染影响因素分析

1．环境影响的识别

分析项目是否对环境造成了污染，可以从各个环境要素角度进行分析，如是否引起了大气污染？是否对水环境产生了污染？是否排放了固体废弃物？

分析项目是否存在对地质和自然灾害的影响，如是否增加水土流失现象？有无产生特大自然灾害的危险（例如泥石流等灾害）？

分析项目是否对生态及野生动植物产生影响？主要是排放的大气污染物和废水等是否对生物生长产生影响？是否会对野生动植物的生存产生影响等？

分析项目是否对能源、自然资源的开发产生影响？是否对土地管理产生影响等。

2．工艺流程图

绘制包含产污环节的生产工艺流程图，分析各种污染物产生、排放情况，列表给出污染物的种类、性质、产生量、产生浓度、削减量、排放量、排放浓度、排放方式、排放去向及达标情况。

3．污染物

分析建设项目存在的具有致癌、致畸、致突变的物质及具有持久性影响的污染物的来源、转移途径和流向。

4．物理污染

给出噪声、振动、热、光、放射性及电磁辐射等污染的来源、特性及强度等。

5．采取措施

各种治理、回收、利用、减缓措施状况等。

三、生态影响因素分析

明确生态影响作用因子，结合建设项目所在区域的具体环境特征和工程内容，识别、分析建设项目实施过程中的影响性质、作用方式和影响后果，分析生态影响的范围、性质、特点和程度。应特别关注特殊工程点段分析，如环境敏感区、长大隧道与桥梁、淹没区等，并关注间接性影响、区域性影响、累积性影响以及长期影响等特有影响因素的分析。

四、原辅材料、产品、废物的储运

通过对建设项目原辅材料、产品、废物等的装卸、搬运、储藏、预处理等环节的分析，核定各环节的污染来源、种类、性质、排放方式、强度、去向及达标情况等。

五、交通运输

给出运输方式（公路、铁路、航运等），分析由于建设项目的施工和运行，使当地及附近地区交通运输量增加所带来环境影响的类型、因子、性质及强度。

六、公用工程

给出水、电、气、燃料等辅助材料的来源、种类、性质、用途、消耗量等，并对来源及可靠性进行论述。

七、非正常工况分析

对建设项目生产运行阶段的开车、停车、检修等非正常排放时的污染物进行分析，找出非正常排放的来源，给出非正常排放污染物的种类、成分、数量与强度，产生环节、原因，发生频率及控制措施等。

八、环境保护措施和设施

按环境影响要素分别说明工程方案已采取的环境保护措施和设施，给出环境保护设施的工艺流程、处理规模、处理效果。

九、污染物排放统计汇总

对建设项目有组织与无组织、正常工况与非正常工况排放的各种污染物浓度、排放量、排放方式、排放条件与去向等进行统计汇总。

对改扩建项目的污染物排放总量统计，应分别按现有、在建、改扩建项目实施后汇总污染物产生量、排放量及其变化量，给出改扩建项目建成后最终的污染物排放总量。

第四节　工程分析的方法

工程分析应以建设项目建设书和同步编制的可行性研究报告为依据进行，当项目建议书和可行性研究报告不能满足工程分析的需要时，在征得建设单位主管部门或环保行政主管部门同意后可以采用其他办法进行工程分析，一般有类比分析法、物料平衡计算法和查阅参考资料分析法等。

一、类比分析法

利用同拟建项目类型相同的现有项目的已有资料或实测结果进行收集、整理分析，也可用同类建设项目的单位产品经验排污系数来计算污染物的排出量。

类比分析法要求时间长，工作量大，所得结果较准确。在评价时间允许，评价工作等级较高，又有可供参考的相同或相似的现有工程时，应采用此方法。如果同类工程已有某种污染物的排放系数时，可以直接利用此系数计算建设项目该种污染物的排放量，不必再进行实测。

二、物料衡算法

物料平衡计算是根据质量守恒定律——生产过程中物料的投入和产出的平衡关系，来求出污染物的排放量。本方法是根据理论计算求得结果，比较简单，但计算中设备运行均按理想状态考虑，所以计算结果有时偏低。此方法不是所有的建设项目均能采用，具有一定局限性。

$$\sum G_{投入}=\sum G_{产品}+\sum G_{流失} \tag{3.1}$$

物料排放总量可用下式表示：

$$G_{排放}=G_{投入}-G_{产品}-G_{回收}-G_{处理}-G_{转化} \tag{3.2}$$

也可使用定额公式求出：

$$A=A_{\mathrm{D}}\times M \tag{3.3}$$

式中：A —— 某污染物排放总量，t/a；

A_{D} —— 某污染物的排放定额，即单位产品的污染物排放量，t/t；

M —— 产品的总产量，t/a。

三、查阅参考资料分析法

查阅参考资料分析法最为简便，但所得数据准确性差。当评价时间短，且评价工作等级较低时，或在无法采用以上两种方法的情况下，可采用此方法。

第五节　一般工程分析的计算方法

一、废气量的计算法

在计算和分析大气扩散是否达标时均需得知废气的排放量，所以废气量的计算十分重要，下面将废气量的计算方法加以阐述。

废气的排放来源有下面几个方面：一是燃料排放废气量，二是生产工艺过程排放废气量，设备、装置露风量等，下面分别予以说明。

废气总量可用式（3.4）表示。

$$V=\sum V_{燃}+\sum V_{生}+\sum V_{露损} \tag{3.4}$$

每个工业部门都离不开燃料的使用，日常生活同样离不开燃料，在我国二次能源的利用尚不普及，所以燃料的使用仍是我国能源消耗的主要形式，燃料产生的烟气量及其所产生的污染物的计算极为重要。下面介绍燃料燃烧的排气量的计算方法。

1．理论空气量的计算

燃烧的过程是燃烧中非氧化物的氧化过程，燃料的主要成分是C、H、O、N、S和灰分，在燃烧的过程中C、H、S充分燃烧，发生如下反应。

$$C+O_2 \longrightarrow CO_2$$

$$2H+\frac{1}{2}O_2 \longrightarrow H_2O$$

$$S+O_2 \longrightarrow SO_2$$

从上面的反应式知道：

单位碳元素耗氧量为32÷12≈2.667；

单位氢元素耗氧量为16÷2.016≈7.94；

单位硫元素耗氧量为32÷32=1。

总的需氧量为：

$$G=2.667\times\frac{C}{100}+7.94\times\frac{H}{100}+\frac{S}{100}-\frac{O_2}{100} \tag{3.5}$$

式中，$\frac{C}{100},\frac{H}{100},\frac{S}{100},\frac{O_2}{100}$ 均指燃料中的 C、H、S、O_2 的百分含量。

而耗氧的体积为：

$$V_{O_2}=\frac{G\times 22.4}{32}=\frac{G}{1.429} \tag{3.6}$$

O_2 在空气中占体积为 0.21，则消耗空气的理论量（标态）为：$V_O=\frac{G}{0.21\times 1.429}$，单位是 m^3/kg。

理论空气量：

$$\begin{aligned}V_O&=\frac{2.667\times C+7.94\times H+S-O_2}{100\times 0.21\times 1.429}\\&=0.08887\times C+0.2646\times H+0.0333\times S-0.0333\times O_2\end{aligned} \tag{3.7}$$

2．燃烧烟气量（标态）的计算

（1）通过化学方程式计算

通过化学方程式计算得知，燃料中的 C、S、H 等如完全燃烧则：

1 kg 碳产生 CO_2 1.866 m^3/ kg；

1 kg 硫产生 SO_2 0.7 m^3/ kg；

1 kg 氢产生水蒸气 11.11 m^3/ kg；

1 kg 氮气化后得到氮气 0.8 m^3/ kg，$\frac{1\ kg}{14\times 2\ kg}\times 22.4\ m^3/kg=0.8\ m^3/kg$；

1 kg 水气化后得到水蒸气 1.244 m^3/kg，$\frac{1 kg}{18 kg}\times 22.4\ m^3/kg=1.244\ m^3/kg$。

我们再引入过剩空气系数，如果知道燃料的化学成分，那么每千克燃料所排出的烟气量可以采用下式计算：

$$\begin{aligned}V_{y0}=&1.866\cdot\frac{C}{100}+0.7\cdot\frac{S}{100}+0.8\cdot\frac{N}{100}+1.244\cdot\frac{水分}{100}+11.11\cdot\frac{H}{100}+\\&0.016\alpha V_0+[\alpha-0.21]\cdot V_0+1.244G_{汽}\end{aligned} \tag{3.8}$$

式中：C、S、N、H、水分 —— 所用燃料中碳元素、硫元素、氮元素、氢元素、水分的百分含量；

V_0 —— 理论空气量，m^3/ kg（燃料）；

α —— $\alpha=\alpha_0+\Delta\alpha$，$\alpha_0$ 为过剩空气系数，$\Delta\alpha$为各部位漏风率之总和；

$G_{汽}$ —— 燃烧时如用蒸汽雾化所用蒸汽量，kg/kg（燃料）；

0.016 —— 通常湿空气中所含水分同干空气的体积比。

值得注意的是，一般设备炉渣都有漏风之处，各种设备的漏风系数及过剩空气系数如表 3.1、表 3.2 所示。

表 3.1 燃煤锅炉各部位漏风系数

漏风部位	炉膛	对流管束	过热器	省煤器	空气预热器	除尘器	钢烟道（每10 m）	砖烟道（每10 m）
$\Delta\alpha$	0.1	0.15	0.05	0.1	0.1	0.05	0.1	0.05

表 3.2 过剩空气系数

炉别	手烧炉	链条炉	煤粉炉	沸腾炉
α_0	1.4	1.3	1.2～1.25	1.05～1.1

【例题】

某工业煤分析结果，煤中各组分的质量百分比如下：C=61.01%，S=4.57%，H=5.12%，N=1.59%，O=5.79%，水分=0.8%。过剩空气系数α_0=1.2，求：理论标态空气量 V_0 和排放标态烟气量（m^3/kg）。

解：

$$V_0=0.088\,87\ \text{C}+0.264\,6\ \text{H}+0.033\,3\ \text{S}-0.033\,3\ \text{O}$$
$$=0.088\,7\times61.01+0.264\,6\times5.12+0.033\,3\times4.57-0.033\,3\times5.79=6.72\ \text{m}^3/\text{kg}$$

$$V_{y0}=1.866\cdot\frac{61.01}{100}+0.7\cdot\frac{4.57}{100}+0.8\cdot\frac{1.59}{100}+1.244\cdot\frac{0.80}{100}+11.11\cdot\frac{5.12}{100}+$$
$$0.016\times1.2\times6.72+(1.2-0.21)\times6.72=8.54\ \text{m}^3/\text{kg}$$

由于预测计算往往要求得到出口处在工况下的实际烟气量和烟速，可以利用下式进行转换：

$$\frac{P_0V_0}{T_0}=\frac{PV}{T}，若 P_0\approx P，则 V=\frac{V_0(273+t)}{273} \tag{3.9}$$

式中：P_0、T_0、V_0 —— 标准状况下的压力、温度和体积；

P、T、V —— 工况下的压力、温度和体积。

（2）通过经验公式计算

当不知道燃料的化学成分时，用下面的经验公式计算产生的标态烟气量。

1）理论标态烟气量 V_0（m^3/kg）

$A>15\%$，烟煤，则：

$$V_0 = 1.05 \times \frac{Q_L^Y}{4\,182} + 0.278 \tag{3.10}$$

$A<15\%$，贫煤，无烟煤，则：

$$V_0 = \frac{Q_L^Y}{4\,182} + 0.606 \tag{3.11}$$

对劣质煤（煤矸石等），$Q_L^Y < 12\,560\ \text{kJ/kg}$，则：

$$V_0 = \frac{Q_L^Y}{4\,182} + 0.455 \tag{3.12}$$

2）实际标态烟气量 V_y（m^3/kg）

对无烟煤、烟煤及贫煤，则：

$$V_y = 1.04 \times \frac{Q_L^Y}{4\,182} + 0.77 + 1.016 \cdot (\alpha - 1)V_0 \tag{3.13}$$

对劣质煤，$Q_L^Y < 12\,560\ \text{kJ/kg}$，则：

$$V_y = 1.04 \times \frac{Q_L^Y}{4\,182} + 0.54 + 1.016 \cdot (\alpha - 1)V_0 \tag{3.14}$$

式中：A —— 煤中灰分；

Q_L^Y —— 最低发热量，kJ/kg。

（3）通过实际生产工艺分析计算

生产工艺废气量的计算完全可以由生产工艺数据得出，因为生产工艺千差万别就需要具体问题具体分析，但在分析此问题时一定要注意所给出的技术经济指标。

二、大气污染物计算

1. 利用化学反应方程式计算排污量

如：利用氯苯生产氟苯产生氯化氢量的计算。

$$C_6H_5Cl+HF=C_6H_5F+HCl$$

已知某厂年产氟苯 1 000 t，试求氯化氢气的产生量为多少？

依上式经计算，每吨氟苯排出氯化氢 380.2 kg，年排氯化氢 380.2 t。

若采用吸收法制副产品盐酸（34%）1 100 t/a，问排出吸收尾气多少吨？

$$380.2-1100\times0.34=6\ \text{t/a}$$

若一年生产时间为 7 200 h，每小时排出氯化氢气为多少？

$$6\,000/7\,200=0.83\ \text{kg/h}$$

2．利用经验系数计算污染物排放量

$$G=KW \tag{3.15}$$

式中：G—— 污染物的排放量，kg/a；

K—— 排放系数，kg/t（产品）；

W—— 产品产量，t/a。

如：某年产电解铝 10 000 t、侧插自焙极的铝厂，没有烟气收集装置，问该厂年排氟化物、SO_2 和烟尘各多少？

解：查相关手册得知侧插自焙极电解铝的排污系数为：粉尘 56.36 kg/t（铝），SO_2 为 8～16 kg/t（铝），氟化物为 17 kg/t（铝）。

按上式计算得知年排烟尘 56.36×10^4 kg/a，SO_2 为 12×10^4 kg/a，氟化物为 17×10^4 kg/a。

3．废气中污染物排放量的计算

（1）燃煤 SO_2 排放量

根据化学反应方程式，硫完全燃烧生成 SO_2 计算：

$$G_{SO_2}=W\cdot S\times80\%\times2=16WS \tag{3.16}$$

式中：G_{SO_2}—— 燃烧生成的 SO_2 量，kg/h；

W —— 耗煤量，t/h；

S —— 煤中含硫的百分比；

80% —— 煤燃烧时硫转化为 SO_2 的百分数；

2 —— SO_2 和 S 的分子量比。

（2）燃煤 NO_2 排放量

$$G_{NO_x}=1.63B\left(\beta\cdot n+10^{-6}\cdot V_y\cdot C_{NO_x}\right) \tag{3.17}$$

式中：G_{NO_x} —— 燃烧生成的 NO_x（以 NO_2 计）量，kg；

B —— 耗煤量，kg/h；

β —— 煤中 N 向 NO_x 的转变率，%，一般取 25%～50%；

n —— 煤中 N 的含量，%，煤平均 1.5%（表 3.3）；

V_y —— 1 kg 燃料产生的烟气量，m^3/kg；

C_{NO_x} —— 燃烧由于高温而生成 NO_x 的浓度，mg/m^3，通常取 93.8 mg/m^3。

式（3.17）可以简化为：

$$G_{NO_x}=1.63B\left(\beta\cdot n+0.000\,938\right) \tag{3.18}$$

表 3.3　*n* 取值表

燃料名称	煤	劣质重油	一般重油	优质重油
n	1.5	0.20	0.14	0.02

（3）CO 的产生量

1）煤或油作燃料

$$G_{CO}=0.233\,q\cdot C \tag{3.19}$$

式中：G_{CO} —— CO 产生量，g/kg（燃料）；

q —— 燃料不完全燃烧百分比，煤 3%；

C —— 燃料中的碳含量，%。

表 3.4　*q* 和 *C* 取值　　单位：%

种类	木材	褐煤	烟煤	焦炭	木炭	无烟煤	重油	煤气	天然气
q	4	4	3	3	3	3	2	2	2
C	30～50	40～70	70～80	75～85		80～90	85～90	15～20	70～75

2）天然气作燃料

$$G_{CO}=0.125q\left(V_{CH_4}+2V_{C_2H_6}+3V_{C_3H_8}+4V_{C_4H_{10}}\right) \tag{3.20}$$

3）煤气作燃料

$$G_{CO}=0.125q\left(V_{CO}+V_{CH_4}+2V_{C_2H_6}+6V_{C_6H_6}\right) \tag{3.21}$$

式中：G_{CO} —— CO 产生量，g/m^3；

q —— 燃料不完全燃烧百分比，%，一般 q 取 2；

V_{CH_4}、$V_{C_2H_6}$、$V_{C_3H_8}$、$V_{C_4H_{10}}$、V_{CO}、$V_{C_6H_6}$——燃气中 CH_4、C_2H_6、C_3H_8、C_4H_{10}、CO、C_6H_6 的体积百分含量，%。

（4）大气污染物中烟尘量的计算

$$G_{sd}=\frac{B\cdot A\cdot d_{fh}}{1-C_{fh}}\cdot(1-\eta) \tag{3.22}$$

式中：G_{sd} —— 烟尘的产生量；

B —— 耗煤量，t/a；

A —— 煤的灰分，%；

d_{fh} —— 烟气中灰分占总灰分的比例，同燃烧方式有关（表 3.5）；

η —— 除尘器除尘效率（表 3.6）；

C_{fh} —— 烟尘中可燃的碳含量，一般取 15%～45%，电厂煤粉炉取 4%～8%。

表 3.5 烟气中灰分占总灰分的比例 单位：%

炉型	手烧炉	链条炉	往复炉排	振动炉	振煤机炉	沸腾炉	煤粉炉	油炉	天然气炉
d_{fh}	15～25	15～25	15～20	20～40	20～40	40～60	75～85	0	0

表 3.6 除尘器除尘效率 η 单位：%

类型	干法沉降	湿法淋喷	旋风	多管	水膜	电除尘
η	60～65	70～78	80～94	80～95	75～90	95～99

【例题】

某链条炉每年用煤量 $B = 7\ 000$ t，$Q_L^Y = 23\ 000$ kJ/kg，A=30%，含硫量为 3.5%，使用旋风除尘器，除尘效率 η 取 92%，安有省煤器。求：排放烟气量，烟尘和 SO_2 的排放量，烟尘和 SO_2 浓度。

解：链条炉 $\alpha_0 = 1.3$，省煤器 $\Delta\alpha = 0.1$

计算理论标态空气量 V_0：

$$V_0 = 1.05 \times \frac{Q_L^Y}{4\ 182} + 0.278 = 1.05 \times \frac{23\ 000}{4\ 182} + 0.278 = 6.058\ (\mathrm{m^3/kg})$$

$$\begin{aligned} V_y &= 1.04 \times \frac{Q_L^Y}{4\ 182} + 0.77 + 1.016 \cdot (\alpha - 1)V_0 \\ &= 1.04 \times \frac{23\ 000}{4\ 182} + 0.77 + 1.016 \cdot (1.4 - 1)V_0 \\ &= 5.72 + 0.77 + 2.46 = 8.95\ (\mathrm{m^3/kg}) \end{aligned}$$

计算标态烟气量：

$V = 8.95 \times 7\ 000 \times 1\ 000 = 6\ 013 \times 10^4 = 6 \times 10^7\ (\mathrm{m^3/a})$

计算烟尘排放量：

$$G_{sd} = \frac{B \cdot A \cdot d_{\mathrm{fh}}}{1 - C_{\mathrm{fh}}}(1 - \eta) = \frac{7\ 000 \times 30\% \times 0.2 \times (1 - 92\%)}{1 - 0.3} = 48\ (\mathrm{t/a})$$

注：其中 d_{fh} 和 C_{fh} 查表取中间值。

计算 SO_2 排放量：

$$G_{SO_2} = 1.6 \cdot B \cdot S = 1.6 \times 7\ 000 \times 0.035 = 392\ (\mathrm{t/a})$$

$$C_{SO_2} = \frac{392 \times 10^9}{6 \times 10^7} = 6\ 533\ (\mathrm{mg/m^3})$$

$$C_{sd} = \frac{48 \times 10^9}{6 \times 10^7} = 800\ (\mathrm{mg/m^3})$$

（5）燃煤灰渣

$$B \cdot A = G_{\mathrm{LZ}} \cdot (1 - C_{\mathrm{LZ}}) + G_{\mathrm{fh}} \cdot (1 - C_{\mathrm{fh}}) \tag{3.23}$$

两边同除 $B \cdot A$：

$$1 = \frac{G_{\mathrm{LZ}}(1 - C_{\mathrm{LZ}})}{B \cdot A} + \frac{G_{\mathrm{fh}}(1 - C_{\mathrm{fh}})}{B \cdot A}$$

令 $$d_{LZ}=\frac{G_{LZ}(1-C_{LZ})}{B\cdot A}\qquad d_{fh}=\frac{G_{fh}(1-C_{fh})}{B\cdot A}$$

则 $1=d_{LZ}+d_{fh}$

$$G_{LZ}=\frac{d_{LZ}\cdot B\cdot A}{1-C_{LZ}}\qquad G_{fh}=\frac{d_{fh}\cdot B\cdot A}{1-C_{fh}}$$

$$G_{hz}=G_{LZ}+G_{fh}(1-\eta)$$

其中，LZ 表示炉渣，fh 表示飞灰，hz 表示灰渣，η表示除尘效率。

注：C_{LZ}一般取 10%～25%，对煤粉炉取 0～5%；

C_{fh}一般取 15%～45%，对煤粉炉取 4%～8%。

（6）含磷产品氟化物排放量的计算

$$F_P=MBF_HF_E(1-\mu)\tag{3.24}$$

式中：F_P —— 气态氟的排放量，t/a；

M —— 以磷矿石为原料的产品产量，t/a；

B —— 磷矿石的消耗定额，t/t；

F_H —— 矿石中的含氟率，%；

F_E —— 氟的逸出率，%；

μ —— 以氟矿为原料的工业气态氟逸出率。

含磷产品氟化物排放量参数值见表 3.7。

表 3.7 含磷产品氟化物排放量参数值

参数	电解铝	烧结矿	生铁	转炉钢	平炉钢	电炉钢	玻璃
原料	冰晶石	氟铁矿	氟铁矿	萤石	萤石	萤石	萤石
B/（kg/t）	56.6	1 100	2 040	15	13	20	9
F_E/%	55	10	1	30	30	30	35
F_P/（kg/t）	16.5	8.8	1.6	1.9	1.62	2.5	1.3

4．无组织排放量的计算

无组织排放是指未经过集中式排放口排出污染物的一种形式。严格地讲，无组织排放按照各地方排放标准是不被允许的，污染物都应经过集气装置收集并处理达标后排放，但到目前为止，无组织排放仍不能避免，所以下面就一些难以避免的无组织排放计算方法加以介绍。

（1）敞露物料散发量的计算

利用经验公式：

$$G_S = (5.38 + 4.1u) \cdot P_H \cdot F \cdot \sqrt{M} \tag{3.25}$$

式中：G_S —— 有害物质散发量，g/h；

u —— 室内风速，往往利用当地气象台（站）的年平均风速，m/s；

F —— 有害物质的散露面积，m^2；

M —— 有害物质的分子量；

P_H —— 有害物质在室温时的饱和蒸汽压，$\lg P_H = \frac{-0.052\,23A}{T} + B$；

T —— 绝对温度，K；

A，B —— 各种物质的经验系数。

表 3.8　各种物质的经验系数

物质名称	分子式	M	A	B
苯	C_6H_6	78	34 172	7.962
甲烷	CH_4	16	8 516	6.863
甲醇	CH_3OH	32	38 324	8.802
乙酸甲酯	CH_3COOCH_3	74	46 150	8.715
四氯化碳	CCl_4	152	33 914	8.004
甲苯	$C_6H_5CH_3$	92	39 198	8.330
乙酸乙酯	$CH_3COOC_2H_5$	88	51 103	9.010
乙醇	C_2H_5OH	446	23 025	7.720
乙醚	$C_2H_5OC_2H_5$	74	46 774	9.136

【例题】

某车间放有直径 ϕ=1.2 m 圆筒一只，内盛苯，苯的温度近似于室温（20℃），室内风速为 2.1 m/s，求苯的单位时间散发率。

解：$\lg P_H = \frac{-0.052\,23A}{T} + B = \frac{-0.052\,23 \times 34172}{273 + 20} + 7.962 = 1.870\,6$

所以 P_H=74.23

$$G_S=(5.38+4.1\times2.1)\times74.23\times\frac{3.14\times1.2^2}{4}\times\sqrt{78}=10\,367.56\text{ g/h}=10.367\text{ kg/h}$$

（2）各种酸雾的排放量（H_2SO_4、HNO_3、HCl、HAC、HF）

$$G_S=M（0.000\,352+0.000\,786u）\cdot P\cdot F \tag{3.26}$$

式中：G_S —— 酸雾散发量，kg/h；

M —— 酸的分子量；

P —— 相应于液体温度时的饱和蒸汽分压，可以查手册得出，当酸的浓度小于10%时可以用水饱和蒸汽压代替，mmHg；

F —— 蒸发面的面积，m^2。

（3）生产设备和管道泄漏的计算

$$G_S=KCV\frac{\sqrt{M}}{\sqrt{T}} \tag{3.27}$$

式中：G_S —— 设备和管道不严的泄漏量，kg/h；

K —— 安全系数，1～2，一般取1；

C —— 设备内压系数，查表3.9，或用下式计算，C=0.106+0.0362lnP，P为绝对压力；

V —— 设备和管道的体积，m^3；

M —— 内装物质的分子量；

T —— 内装物质的绝对温度，K。

表3.9 设备内压系数

绝对压力/atm	2	3	7	17	41	161	401	1 001
设备内压系数 C	0.121	0.166	0.182	0.189	0.25	0.29	0.31	0.37

注：1 atm=1.013 25×10^5 Pa。

（4）油漆表面的散发量

$$G_S=\frac{\alpha\cdot m\cdot n}{100} \tag{3.28}$$

式中：G_S —— 油漆件表面污染物质的散发量，g/h；

α —— 油漆耗量，g/m^2；

m —— 油漆中污染物的含量，%；

n —— 单位时间完成的工作量，m^2/h。

（5）钢铁铸件浇渣时 CO 的散发量

$$G_S = K_{CO} \cdot S \tag{3.29}$$

式中：G_S —— CO 浇渣时的散发量，g/h；

S —— 每小时的浇铸件量，t/h；

K_{CO} —— 每吨铸件 CO 散发量，g/t，$K_{CO} = 128.6 + \dfrac{3\,927}{W}$，$W$ 为单个铸件重，kg。

（6）储罐大、小呼吸逸失量的计算

1）大呼吸逸失量的计算：

$$G_{大} = \frac{P_i}{760} \cdot M \cdot \frac{m}{d} \cdot \frac{T_0 + C_0}{T_0} \cdot \frac{1}{22.4} \tag{3.30}$$

式中：$G_{大}$ —— 装罐大呼吸年逸失量；

M —— 年装罐重量，t/a；

P_i —— 在平均气温下污染物在空气中的饱和蒸汽压，mmHg（1 mmHg=1.333 22×10^2Pa）；

d —— 污染物的平均密度，t/m^3；

T_0 —— 标准状态下的温度，273 K；

C_0 —— 当地多年平均气温。

2）平均小呼吸逸失量：

$$G_{小} = f\left(\frac{P}{P_0 - P}\right)^a D^b H^c (\Delta t)^d e \tag{3.31}$$

式中：$G_{小}$ —— 储罐小呼吸逸失量，kg；

P —— 大量液体状态下，真实的蒸汽压力，Pa；

P_0 —— 10 090，Pa；

D —— 罐的直径，m；

H —— 平均蒸汽空间高度，m；

Δt —— 一天之内的平均温度差，℃；

A，b，c，d，e，f——常数，依具体情况选择。

三、水污染物排放量的计算

建设项目的污水量主要根据水平衡图来确定，不同的生产工艺水平衡图也不同，要具体问题具体分析，如图 3.1 所示。

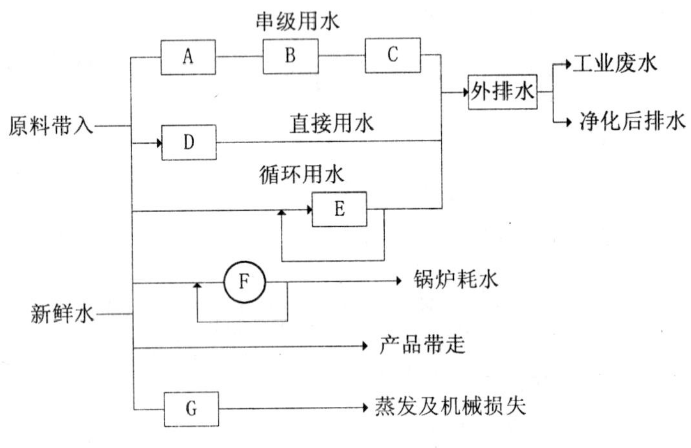

图 3.1 水平衡图

另外，污水量还可以由给排水设计的定额得来，如果已知单位产品排放的污染物量，根据生产的产品量就可以计算出污染物排放量。

思考题

1．工程分析在环境影响评价中起什么作用?

2．进行工程分析可以采用哪些方法?

3．某厂锅炉年耗煤量 2 000 t，煤的含硫量为 4%，求全年排放的 SO_2 量。

4．已知某化工厂全年排放废水 1 000 万 t，测得废水中的砷平均浓度为 1.0 mg/L，BOD_5 平均为 360 mg/L。求该厂砷和 BOD_5 的全年排放量。

5. 某厂锅炉房用煤量 50 t/d，连续生产，煤的低位发热量平均为 21 328 kJ/kg，空气过剩系数为 1.08，煤的含硫量 1.8%，灰分 25%。如该厂采用的锅炉为沸腾炉、旋风除尘。问该厂排放的烟气量是多少（m^3/d）?烟气中 SO_2 和烟尘浓度是多少（mg/m^3）?

第四章　清洁生产评价

第一节　清洁生产概述

一、清洁生产的基本概念

清洁生产在不同发展阶段、不同国家有不同的叫法，例如“废物最小化”、“无废工艺”、“污染预防”等，但其基本内涵是一致的，即对产品和产品的生产过程采用预防污染的策略来减少污染物的产生。

清洁生产是一种新的污染防止战略。联合国环境规划署于 1989 年提出了清洁生产的最初定义，并得到国际社会的普遍认可和接受；1996 年又对该定义进一步完善为:“清洁生产指将整体预防的环境战略持续应用于生产过程、产品和服务中，以增加生态效率和减少人类及环境的风险”。因此，清洁生产对生产过程来说，就是要求节约原材料和能源，淘汰有毒原材料，减降所有废弃物的数量和毒性；对产品来说，就是要求减少从原材料提炼到产品最终处置的全生命周期的不利影响；对服务来说，就是要求将环境因素纳入设计和所提供的服务中。

《中华人民共和国清洁生产促进法》第二条给出清洁生产的定义：本法所称清洁生产，是指不断采取改进设计、使用清洁的能源和原料、采用先进的工艺技术与设备、改善管理、综合利用等措施，从源头削减污染，提高资源利用效率，减少或者避免生产、服务和产品使用过程中污染物的产生和排放，以减轻或者消除对人类健康和环境的危害。

清洁生产要求转变态度、进行切实负责的环境管理以及对技术方案进行科学而全面的评估。

从上述清洁生产的含义我们可以看到，它包含了生产者、消费者和全社会对于生产、服务和消费的希望，这些是：

（1）源头节约和环境保护两个方面对工业产品生产从设计开始，到产品使用后直至最终处置，给予了全过程的考虑和要求；

（2）不仅要求考虑生产，而且也要求考虑服务对环境的影响；

（3）工业废弃物实行费用有效的源头削减，改变传统的不顾效益或单一末端控制办法；

（4）提高企业的生产效率和经济效益，与末端处理相比，它更受企业欢迎；

（5）着眼于全球环境的彻底保护，为全人类共建一个洁净的地球带来了希望。

二、国际清洁生产的发展

清洁生产思想源于美国 20 世纪 80 年代初提出的“废物最小化”，其含义为：“在可行的范围内减少最初产生的或随后经过处理、分类或处置的有害废物。它包括废物产生者所进行的源削减或回收利用，这些活动减少了有害废物的总体积或数量以及（或）毒性”。“废物最小化”主要包括了回收利用，而未能将注意力集中到源削减上，因而 1989 年美国环保局提出了“污染预防”的概念，并以之取代“废物最小化”。为了实施污染预防，美国联邦政府 1990 年通过了“污染预防法”。通过立法手段建立并推行以污染预防为主的政策，这是工业污染控制战略上的根本性变革，在世界上引起了强烈反响。随后，1991 年 2 月美国环保局发布了“污染预防战略”，它的目标是在现行的和新的指令性项目中，调查具有较高费用有效性的清洁生产投资机会并且鼓励工业界的志愿行为，以减少美国环保局根据诸多有害物质控制条例采取的行动。

美国环保局根据上述战略采取了以下行动。

（1）设立污染预防办公室以协调各环境介质和各区域办公室有关清洁生产的活动。

（2）组建美国污染预防研究所，其成员为工业界和学术界具备清洁生产技能的志愿人员。

（3）建立污染预防信息交换中心，该中心向联邦、州、县及市的政府部门、工业界和商业协会、公共和私人机构以及学术界提供有关清洁生产的信息；它同时通过联合国环境规划署的清洁生产信息交换中心获得国外清洁生产信息，并向国外传递美国清洁生产信息。

（4）开创 33/50 项目，该项目鼓励有害物排放控制清单上的工业部门报道其有害物排放量，并自愿地削减其 17 种化学品的排放量。

（5）通过环境管理执法实施污染削减战略。

（6）发表一项政策声明，该声明内容之一是：美国国家环保局将把清洁生产（连同循环利用）作为达到和维持法令性和指令性目标的一种鼓励手段，以及在与重大环境违规者谈判解决方案时的一种鼓励手段。

近年来清洁生产已迅速在世界范围内掀起了热潮。英国人称清洁生产是自工业革命之后的又一次新的生产方式革命。波兰人称它是一种时代思潮。不管用什么语言来评价清洁生产对现代生产方式的冲击，其客观上已经形成了国际性的趋势。

欧洲最初开展清洁生产工作的国家是瑞典（1987 年）。随后，荷兰、丹麦、奥地利等国也相继开展清洁生产工作。荷兰在利用税法条款推进清洁生产技术开发和利用方面做得比较成功。采用革新性的污染预防或污染控制技术的企业，其投资可按 1 年的折旧（其他折旧期通常为 10 年），每年都有一批工业界和政府界的专家对上述革新性的技术进行评估，一旦被认为已获得足够的市场，或被认为应定为法律强制要求采用者，即不再被评为革新性技术。欧盟委员会也通过了一些法规以在其成员国内促进清洁生产的推行，例如 1996 年通过的“综合的污染预防和控制”法令。欧洲除了开展清洁生产比较早的北欧、西欧国家外，中欧、东欧几乎所有国家也都计划在 1998 年之前实施清洁生产。其他国家也纷纷注入资金建立清洁生产中心、地区性国际清洁生产网络，进行清洁生产培训。

联合国工业发展组织和联合国环境规划署于 1994 年联合发起了“全球范围创建发展中国家国家清洁生产中心计划”，在全球范围内推行清洁生产。目前已在 8 个发展中国家建立了国家清洁生产中心，即中国、巴西、捷克、印度、墨西哥、斯洛伐克、坦桑尼亚和津巴布韦。联合国环境规划署还计划帮助 20 个发展中国家和过渡经济国家建立国家级清洁生产中心。另外，37 个国家和地区的 43 个组织的清洁生产中心加入了国际清洁生产网络。

1992 年 6 月举行的联合国环境与发展大会，通过了影响未来各个领域发展的《21 世纪议程》，强调了清洁生产是可持续发展的一种必然选择。作为会议的后续行动，联合国环境规划署于同年 10 月再次举行了清洁生产部长级会议和高级研讨会巴黎清洁生产会议。此次会议检查了清洁生产计划的实施情况，并根据联合国环境与发展大会的精神，调整了清洁生产计划，再次强调清洁生产对工业持续发展的作用。

1994 年 10 月召开了第三次清洁生产高级研讨会华沙清洁生产会议，来自 45 个国家和 10 个政府间组织的 160 余名清洁生产专家参加了会议，与会者评述了 4 年来世界清洁生产的发展，评估了挑战与障碍，提出了进一步行动的建议。

这一切均表明清洁生产已引起各国政府的重视，从发达国家到发展中国家，成为国际环境保护的一个潮流和趋势。

三、国内清洁生产的发展

我国是一个人均占有资源十分匮乏的国家，这一国情不允许我们再沿袭过去的那种资源粗放型经营模式，必须通过清洁生产走节约资源的集约化生产的道路。

自 1993 年以来，在环保部门、经济综合部门和行业主管部门的协调配合和推动下，我国推行清洁生产工作，在企业试点示范、宣传教育培训、机构建设、国际合作以及政策研究制定等方面取得了较大进展。开展清洁生产的企业分属于十几个行业，包括化工、轻工、建材、冶金、石化、铁路、电子、航空、医药、采矿、电力、烟草、机械、仪器仪表、交通等。

全国已举办大大小小有关清洁生产的培训和讲座多个。通过宣传教育培训，使许多不同层次的管理人员对清洁生产有了基本的了解，同时培训出了一批掌握了清洁生产专门知识和技能的科研人员。

自 1994 年年底成立国家清洁生产中心以来，全国相继成立多家行业和地方的清洁生产中心，还有一些省市和行业正在积极筹建清洁生产中心。这些专门机构的建立大大推动了我国的清洁生产活动。

通过开展国际合作，开拓了国际环保合作的新领域，对扩大我国推行清洁生产工作在国际上的影响也起了很大作用，并为我国推行清洁生产提供了重要的人力和资金来源，保证了我国清洁生产工作的顺利开展。

根据 2012 年 2 月 29 日第十一届全国人民代表大会常务委员会第二十五次会议《关于修改〈中华人民共和国清洁生产促进法〉的决定》，修正的《中华人民共和国清洁生产促进法》第三条规定“在中华人民共和国领域内，从事生产和服务活动的单位以及从事相关管理活动的部门依照本法规定，组织、实施清洁生产”。

《中华人民共和国清洁生产促进法》规定国务院及其有关行政主管部门和省、自治区、直辖市人民政府，都应当制定有利于实施清洁生产的产业政策、技术开发和推广政策。国家鼓励企业实施清洁生产，建立清洁生产表彰奖励制度。对在清洁生产工作中做出显著成绩的单位和个人，由人民政府给予表彰和奖励。对从事清洁生产研究、示范和培训，实施国家清洁生产重点技术改造项目和该法第二十九条规定的自愿削减污染物排放协议中载明的技术改造项目，列入国务院和县级以上地方人民政府同级财政安排的有关技术进步专项资金的扶持范围。

第二节　环境影响评价与清洁生产的关系

一、建设项目环境影响评价中存在的问题

环境影响评价制度在发挥其重要作用的同时也存在着一些问题，其中比较严重的问题是小规模工业污染源的失控和末端控制的失控。第一，由于环境影响评价制度主要针对大中型综合建设项目，而忽视了小型工业企业产生污染的管理；第二，主要评价污染物产生以后对环境的影响，污染控制措施一旦未能有效执行，则环境影响评价就失去其有效性。

1996—1997 年，在关停“十五小”企业的过程中，我国已关闭了超过 60 000 家污染严重的小型企业，这一行动虽然产生了一定的环境效益，但对社会和经济带来了很大影响。原因之一是环境影响评价系统没有对技术低下、高消耗和污染严重的小型工业企业的发展加以有效限制。

通过对进行末端处理的企业的调查发现，大约三分之一的末端处理设施在通过验收后停止了使用；大约有三分之一的企业正在使用，但也未按照原设计的要求进行运转；只有大约三分之一企业的末端处理设备运行良好。这其中最主要的原因是末端处理运行费用太高，很多企业负担不了，而这些企业往往又是大型企业，为了避免引起其他的社会问题，很难强行关闭它们。在对建设项目进行环境影响评价时，对企业是否负担得起如此高昂的末端处理费用方面往往考虑得较少，这也是现在的环境影响评价制度中存在的问题之一。

总之，建设项目环境影响评价虽然是一种预防性的措施，但它关注的重点是污染产生以后对环境的影响，而不是预防污染的产生，因而和清洁生产有着明显的区别。

二、环境影响评价中进行清洁生产评价

清洁生产已被证明是优于污染末端控制且需优先考虑的一种环境战略，现在已经将清洁生产的概念引入环境影响评价中，并以此强化工程分析，这就大大提高了环境影响评价的质量。

在《中华人民共和国清洁生产促进法》的条款中有多条关于在环境影响评价中进行清洁生产评价的规定，以下列出几条。

第十八条规定“新建、改建和扩建项目应当进行环境影响评价，对原料使用、资源消耗、资源综合利用以及污染物产生与处置等进行分析论证，优先采用资源利用率高以及污染物产生量少的清洁生产技术、工艺和设备。”

第十九条规定“企业在进行技术改造过程中，应当采取以下清洁生产措施：采用无毒、无害或者低毒、低害的原料，替代毒性大、危害严重的原料；采用资源利用率高、污染物产生量少的工艺和设备，替代资源利用率低、污染物产生量多的工艺和设备；对生产过程中产生的废物、废水和余热等进行综合利用或者循环使用；采用能够达到国家或者地方规定的污染物排放标准和污染物排放总量控制指标的污染防治技术。”

第二十条规定“产品和包装物的设计，应当考虑其在生命周期中对人类健康和环境的影响，优先选择无毒、无害、易于降解或者便于回收利用的方案。企业对产品的包装应当合理，包装的材质、结构和成本应当与内装产品的质量、规格和成本相适应，减少包装性废物的产生，不得进行过度包装。”

第二十二条规定“农业生产者应当科学地使用化肥、农药、农用薄膜和饲料添加剂，改进种植和养殖技术，实现农产品的优质、无害和农业生产废物的资源化，防止农业环境污染。禁止将有毒、有害废物用作肥料或者用于造田”等。

第二十七条规定“企业应当对生产和服务过程中的资源消耗以及废物的产生情况进行监测，并根据需要对生产和服务实施清洁生产审核。有下列情形之一的企业，应当实施强制性清洁生产审核：污染物排放超过国家或者地方规定的排放标准，或者虽未超过国家或者地方规定的排放标准，但超过重点污染物排放总量控制指标的；超过单位产品能源消耗限额标准构成高耗能的；使用有毒、有害原料进行生产或者在生产中排放有毒、有害物质的。污染物排放超过国家或者地方规定的排放标准的企业，应当按照环境保护相关法律的规定治理。实施强制性清洁生产审核的企业，应当将审核结果向所在地县级以上地方人民政府负责清洁生

产综合协调的部门、环境保护部门报告，并在本地区主要媒体上公布，接受公众监督，但涉及商业秘密的除外。”

将清洁生产引入环境影响评价中可有以下几方面的好处。

1．减轻建设项目的末端处理负担

如果污染物在产生之前就予以削减，则会减轻末端处理的负担。

2．提高建设项目的环境可靠性

末端处理设施的“三同时”，一直是我国环境管理的一个重点和难点，如果环境影响评价提出的末端处理方案不能实施或实施不完全，则直接导致环境负担的增加，这实际上是环境影响评价制度在某种程度上的间接失效，而这种情况在全国各地大量存在。

3．提高建设项目的市场竞争力

清洁生产往往通过提高利用效率来达到，因而在许多情况下将直接降低生产成本、提高产品质量，提高市场竞争力。

4．降低建设项目的环境责任风险

在环境法律、法规日趋严格的今天，企业很难预料其将来所面临的环境风险，因为每出台一项新的环境法律、法规和标准，都有可能成为一种新的环境责任，而最好的规避方法就是通过清洁生产减少污染产生。

三、清洁生产审计

1．清洁生产审计概念

组织的清洁生产审计是一种对污染来源、废物产生原因及其整体解决方案的系统化的分析和实施过程，其目的是通过实行预防污染分析和评估，寻找尽可能高效率利用资源（如原辅材料、能源、水等）、减少或消除废物的产生和排放的方法，既是组织实行清洁生产的重要前提，也是组织实施清洁生产的关键和核心。持续的清洁生产审计活动会不断产生各种清洁生产方案，有利于组织在生产和服务过程中逐步的实施，从而使其环境绩效实现持续改进。

2．清洁生产审计的目的

（1）核对有关单元操作、原材料、产品、用水、能源和废物的资料；

（2）确定废物的来源、数量以及类型，确定废物削减的目标，制订经济有效的削减废物产生的对策；

（3）组织对由削减废弃物获得效益的认识和知识；

（4）判定组织效率低的部位和管理不善的地方；

（5）提高组织经济效益、产品和服务质量。

3．清洁生产审计原则

清洁生产审计是指对组织产品生产或提供服务全过程的重点或优先环节、工序产生的污染进行定量监测，找出高物耗、高能耗、高污染的原因，然后有的放矢地提出对策、制订方案，减少和防止污染物的产生。清洁生产审计首先是对组织现在的和计划进行的产品生产和服务实行预防污染的分析和评估。在实行预防污染分析和评估的过程中，制订并实施减少能源、资源和原材料使用，消除或减少产品和生产过程中有毒物质的使用，减少各种废弃物排放的数量及其毒性的方案。

4．清洁生产审计方法

废弃物在哪里产生？通过现场调查和物料平衡找出废弃物的产生部位并确定产生量。为什么会产生废弃物？这就要求分析产品生产过程的每个环节，画出生产过程流程图。如何消除这些废弃物？针对每一个废弃物产生原因，设计相应的清洁生产方案，包括无/低费方案和中/高费方案，方案可以是一个、几个甚至几十个，通过实验这些清洁生产方案来消除这些废弃物产生原因，从而达到减少废弃物产生的目的。根据生产过程框图，对废弃物的产生原因分析一般要针对以下八个方面进行：原辅材料和能源、技术工艺、设备、过程控制、产品、管理、员工、废物。

清洁生产审计的一个重要内容就是通过提高能源、资源利用效率，减少废物产生量，达到环境与经济“双赢”目的。

5．清洁生产审计对象

组织实施清洁生产审计的最终目的是减少污染，保护环境；节约资源；降低费用；增强组织和全社会的福利。清洁生产审计对象是组织，其目的有两个：一是判定出组织中不符合清洁生产的方面和做法；二是提出方案并解决这些问题，从而实现清洁生产。

6．清洁生产审计程序

我国国家清洁生产中心开发了清洁生产审计程序，包括 7 个阶段、35 个步骤，如图 4.1 所示。

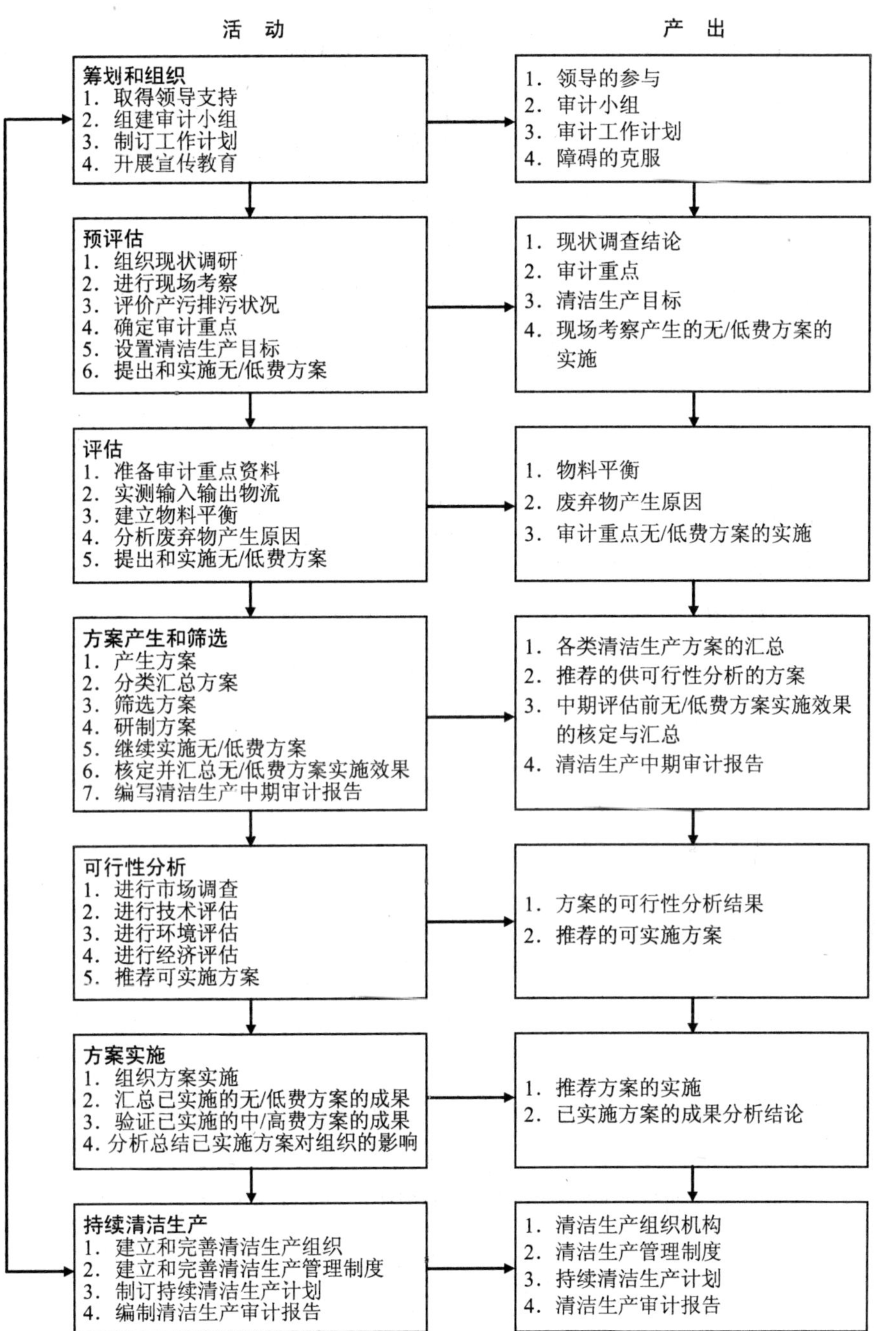

图 4.1　组织清洁生产审计工作程序

四、环境影响评价和清洁生产存在着很好的结合界面

由于环境影响评价和清洁生产均追求对环境污染的预防，无论是预防污染排放对环境的污染还是预防污染物的产生，其最终目标是一致的，此外两种方法均要求对建设项目的原材料、工艺路线以及生产过程等有一个比较深入的了解和分析，许多数据和材料是互通的，其结合界面有以下两个方面。

（1）环境影响评价中的工程分析可进一步拓展和深化，进行清洁生产分析。根据《环境影响评价技术导则》（HJ/T 2.1—2011），工程分析要对工艺过程各环节，资源、能源的储运，开车、停车、检修、事故排放等情况找出污染排放和环境影响的来源，即列出污染源清单。利用这部分材料，进一步探究为什么在这些排放点会产生这些污染物?是否存在着改进机会?有无清洁生产替代方案?这就是清洁生产分析的主要内容。

（2）环境影响评价中对环保措施的分析可按清洁生产要求进一步延伸，因为从广义上说清洁生产措施也是一种环保措施。

第三节　清洁生产评价指标体系

一、清洁生产指标的选取原则

1. 从产品生命周期全过程考虑

生命周期分析方法是清洁生产指标选取的一个最重要原则，它是从一个产品的整个生命周期全过程考察其对环境的影响，如从原材料的采掘，到产品的生产过程，再到产品的销售，直至产品报废后的处理、处置。

生命周期分析方法也叫生命周期评价，按国际标准化组织定义“生命周期评价是对一个产品系统的生命周期中输入、输出及其潜在环境影响的汇编和评价”。

生命周期评价方法的关键和与其他环境评价方法的主要区别是：它要从产品的整个生命周期来评估对环境的总影响，这对于进行同类产品的环境影响比较尤为有用。例如，棉质衬衫和化纤衬衫哪个对环境更好?详细的生命周期评价结果表明，衬衫对环境的最大影响是在衬衫的使用阶段，而不是棉花的种植（化肥、杀虫剂的使用会产生环境影响）或化纤的生产过程（化纤厂的废水也会产生环境影

响）；而衬衫在使用过程中对环境影响最大的问题是熨烫过程的能耗。由于化纤衬衫比棉衬衫更易于熨烫成型而节省能源，所以综合比较来看，使用化纤衬衫对环境影响较小。

生命周期评价方法的主要缺点是非常烦琐，且需数据量很大，而结果一般是相对的，尤其当系统边界或假设条件不同时，不同产品的比较便无意义。

2．体现污染预防思想

清洁生产指标的范围不需要涵盖所有的环境、社会、经济等指标，主要反映出建设项目实施过程中所使用的资源量及产生的废物量，包括使用能源、水或其他资源的情况，通过对这些指标的评价能够反映出建设项目通过节约和更有效的资源利用来达到保护自然资源的目的。

3．容易量化

清洁生产指标是反映建设项目上马后对环境的影响，指标涉及面比较广，有些指标难以量化。为了使所确定的清洁生产指标既能够反映建设项目的主要情况，又简便易行，在设计时要充分考虑指标体系的可操作性，因此，应尽量选择容易量化的指标项，这样就可以给清洁生产指标的评价提供有力的依据。

4．数据易得

清洁生产的指标体系是为评价一个项目是否符合清洁生产战略而制订的，是一套非常实用的体系，所以在设计时，既要考虑到指标体系构架的整体性，又要考虑到体系在使用时应容易获得较全面的数据支持。

二、清洁生产评价指标

依据生命周期分析的原则，清洁生产评价指标应能覆盖原材料、生产过程和产品的各个主要环节，尤其对生产过程，既要考虑对资源的使用，又要考虑污染物的产生，因而环境影响评价中的清洁生产评价指标大多可分为四大类：原材料指标、产品指标、资源指标和污染物产生指标。

1．原材料指标

原材料指标应能体现原材料的获取、加工、使用等各方面对环境的综合影响，因而可从毒性、生态影响、可再生性、能源强度以及可回收利用性这五个方面建立指标。

（1）毒性原材料所含毒性成分对环境造成的影响程度。

（2）生态影响原料取得过程中的生态影响程度。例如，露天采矿就比矿井采矿的生态影响大。

（3）可再生性原材料可再生或可能再生的程度。例如，矿物燃料的可再生性就很差，而麦草浆的原料麦草的可再生性就很好。

（4）能源强度：原材料在采掘和生产过程中消耗能源的程度。例如，铝的能源强度就比铁高，因为铝的炼制过程消耗了更多的能源。

（5）可回收利用性原材料的可回收利用程度。例如，金属材料的可回收利用性比较好，而许多有机原料（如酿酒的大米）则几乎不能回收利用。

2．产品指标

对产品的要求是清洁生产的一项重要内容，因为产品的销售、使用过程以及报废后的处理处置均会对环境产生影响，有些影响是长期的，甚至是难以恢复的。此外，对产品的寿命优化问题也应加以考虑，因为这也影响到产品的利用效率。

（1）产品的销售过程即从工厂运送到零售商和用户过程对环境造成的影响程度。

（2）产品在使用期内使用的消耗品和其他产品可能对环境造成的影响程度。

（3）寿命优化。在多数情况下产品的寿命越长越好，因为可以减少对生产该种产品的物料的需求。但有时并不尽然，例如，某一高耗能产品的寿命越长则总能耗越大，随着技术进步可能产生具备同样功能的低耗能产品，而这种节能产生的环境效益有时会超过节省物料的环境效益，在这种情况下，产品的寿命越长对环境的危害越大。寿命优化就是要使产品的技术寿命（指产品的功能保持良好的时间）、美学寿命（指产品对用户具有吸引力的时间）和初设寿命处于优化状态。

（4）产品报废后对环境的影响程度。

3．资源指标

在正常的操作情况下，生产单位产品对资源的消耗程度可以部分地反映一个企业的技术工艺和管理水平，即反映生产过程的状况。从清洁生产的角度看，资源指标的高低同时也反映企业的生产过程在宏观上对生态系统的影响程度，因为在同等条件下，资源消耗量越高，则对环境的影响越大。资源指标可以由单位产品的新鲜水耗量、单位产品的能耗和单位产品的物耗来表达。

（1）单位产品新鲜水耗量：在正常的操作下，生产单位产品整个工艺使用的新鲜水量（不包括回用水）。

（2）单位产品的能耗：在正常的操作下，生产单位产品消耗的电力、油耗和煤耗等。

（3）单位产品的物耗：在正常的操作下，生产单位产品消耗的构成产品的主要原料和对产品起决定性作用的辅料的量。

4．污染物产生指标

除资源（消耗）指标外，另一类能反映生产过程状况的指标便是污染物产生指标，污染物产生指标较高，说明工艺相应比较落后或管理水平较低。考虑到一般的污染问题，污染物产生指标设三类，即废水产生指标、废气产生指标和固体废物产生指标。

（1）废水产生指标

废水产生指标首先要考虑的是单位产品的废水产生量，因为该项指标最能反映废水产生的总体情况。但是，许多情况下单纯的废水量并不能完全代表产污状况，因为废水中所含的污染物量的差异也是生产过程状况的一种直接反映。因而对废水产生指标又可细分为两类，即单位产品废水产生量指标和单位产品主要水污染物产生量指标。

（2）废气产生指标

废气产生指标和废水产生指标类似，也可细分为单位产品废气产生量指标和单位产品主要大气污染物产生量指标。

（3）固体废物产生指标

对于固体废物产生指标，情况则简单一些，因为目前国内还没有像废水、废气那样具体的排放标准，因而指标可简单地定为“单位产品主要固体废物产生量”。

三、清洁生产标准

环境保护部为贯彻《中华人民共和国环境保护法》和《中华人民共和国清洁生产促进法》，结合各行业生产技术不同，制定了一系列清洁生产标准，如针对酒精制造业、制革工业（羊革）、铜电解业、宾馆饭店业、纯碱行业、造纸工业（废纸制浆）、造纸工业（漂白碱法蔗渣浆生产工艺）、造纸工业（漂白化学烧碱法麦草浆生产工艺）、水泥工业、淀粉工业等制定的清洁生产标准。

清洁生产标准中规定，在达到国家和地方环境保护标准的基础上，根据当前的行业技术、装备水平和管理水平，提出清洁生产标准分为三级，一级代表国际清洁生产先进水平，二级代表国内清洁生产先进水平，三级代表国内清洁生产基本水平。

同时，标准中规定了行业清洁生产的一般要求，如酒精制造业生产的一般要求，将清洁生产指标分为五类，即生产工艺与装备要求、资源能源利用指标、污染物产生指标（末端处理前）、废物回收利用指标和环境管理要求。针对行业特点，各类标准又细分为一系列指标。

四、清洁生产评价方法

对环境影响评价项目进行清洁生产分析，必须针对清洁生产指标确定出既能反映主体情况又简便易行的评价方法。考虑到清洁生产指标涉及面较广、完全量化难度较大等特点，拟针对不同的评价指标，确定不同的评价等级，对于易量化的指标评价等级可分细一些，不易量化的指标等级则分粗一些，最后通过权重法将所有指标综合起来，从而判定建设项目的清洁生产程度。近些年，随着根据不同行业确定的清洁生产标准越来越多，对清洁生产越来越容易进行量化评价。

第四节　环境影响评价报告书中清洁生产分析的编写要求

一、原则

（1）应从清洁生产的角度对整个环境影响评价过程中有关内容加以补充和完善。

（2）大型工业项目可在环境影响评价报告书中单列“清洁生产分析”一章，专门进行叙述；中、小型，且污染较轻的项目可在工程分析一章中增列“清洁生产分析”一节。

（3）清洁生产指标基准数据的选取要有充足的依据。

（4）清洁生产指标及其权重的确定要充分考虑行业特点。

（5）报告书中必须给出关于清洁生产的结论以及所应采取的清洁生产方案建议。

二、内容

1. 选取清洁生产指标

根据建设项目的实际情况，按照清洁生产指标的选取方法来确定所要进行项目的清洁生产指标，基本包括原材料指标、产品指标、资源指标和污染物产生指标。每一类指标所包括的各项指标要根据项目的实际需要慎重选择。

2．收集并确定清洁生产指标数值

根据建设项目工程分析结果，并结合对原材料和产品的深入分析，确定建设项目相应各类清洁生产指标数值。

3．进行清洁生产指标评价

按照清洁生产的指标分级及权重确定原则，通过与同行业典型工艺基准数据的对比，评价建设项目的清洁生产指标。

4．提出建设项目清洁生产方案建议

在对建设项目进行清洁生产分析的基础上，确定存在的主要问题，并提出相应的解决方案及建议。

5．给出建设项目清洁生产状况的评价结论并提出建议

三、注意事项

（1）对于国家已发布行业清洁生产规范性文件和相关技术指南的建设项目，应按所发布的规定内容和指标进行清洁生产水平分析，必要时提出进一步改进措施与建议。

对于国家未发布行业清洁生产规范性文件和相关技术指南的建设项目，结合行业及工程特点，从资源能源利用、生产工艺与设备、生产过程、污染物产生、废物处理与综合利用、环境管理要求等方面确定清洁生产指标和开展评价。

从企业、区域或行业等不同层次，进行循环经济分析，提高资源利用率和优化废物处置途径。

（2）改、扩建设项目应对老污染源同时进行清洁生产评价。

思考题

1．清洁生产的含义是什么？

2．清洁生产指标的选取原则是什么？

3．结合不同行业的清洁生产标准，分析清洁生产标准指标的分级与分类。

第五章　大气环境影响评价

第一节　大气环境基础知识

在进行大气环境影响评价之前应首先了解与之有关的预备知识，再通过调查、预测等手段，分析大气是否被污染了，才能根据相应的方法对大气环境进行预测和评价。

一、大气层的组成

地球的外层是大气层，或称大气圈，厚度经卫星探测为 2 000～3 000 km。在低层 90 km 以下干空气的组成基本不变。在 25 km 以下空气的组成为 N_2 78.09%、O_2 20.95%，其余为 CO_2 和各种惰性气体。另外，在低层大气中含有水分以及各种气溶胶，如烟、雾、云、尘等。

二、描述大气的物理量

1．气温

在大气环境影响预测中，气温通常是指 1.5 m 高处空气的温度，用℃表示。

2．气压

指 1.5 m 高处的压强。

3．湿度

指 1.5 m 高处测得的水汽含量，有相对湿度、绝对湿度和露点之分。

4．风

风是一个矢量，包括风向和风速。气象台所测的风向和风速均指 10 m 高处的风向和风速。

我们通常所说的风级和风速之间有一定的关系（表 5.1）。

$$u = 3.02F^{\frac{3}{2}} \tag{5.1}$$

式中：u —— 风速，m/s；

F —— 风级。

污染物对地面的危害和影响同风向频率呈正相关，风速增大一倍污染物地面浓度下降一半，因此同风速呈负相关，按此关系，引入了污染系数的概念。

$$污染系数 = \frac{风向频率}{该风向的风速} \tag{5.2}$$

表 5.1　风级、风速关系表

风级	风速/（m/s）	风级	风速/（m/s）
0	0～1	7	12～14
1	1～2	8	14～17
2	2～4	9	17～20
3	4～6	10	20～24
4	6～8	11	24～30
5	8～10	12	＞30
6	10～12		

5．云

云量是指云多少的量度，我们所说的云量是指视野中能见到的云覆盖地面的多少，以全天空 10 等分计。云量有总云量和低云量，一般记作总云量/低云量，如 8/3 表示总云量为 8，低云量为 3。国外有 8 分制。

三、大气层的结构

大气层的构造如图 5.1 所示。

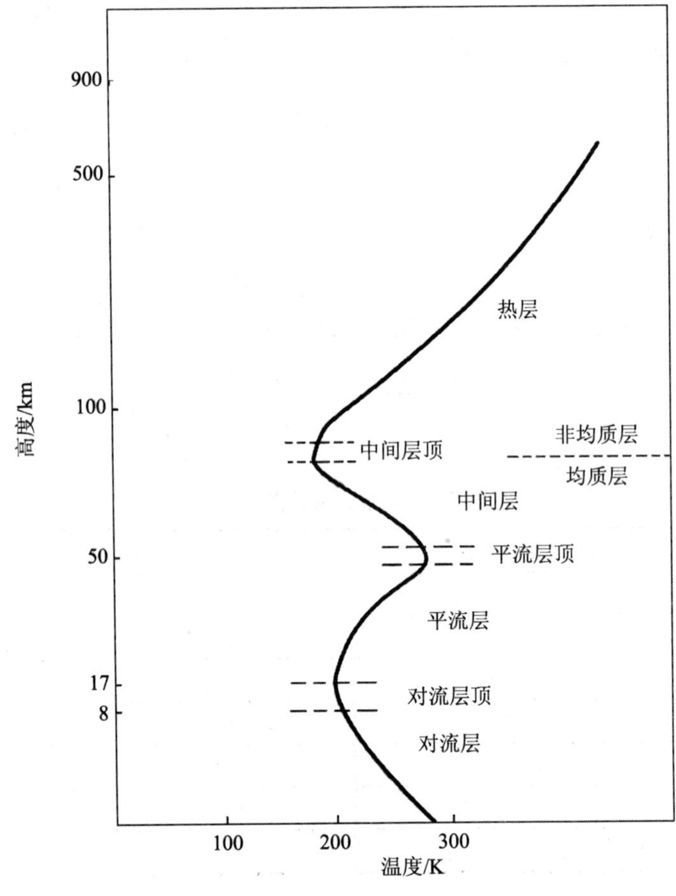

图 5.1 大气层结构

大气层的厚度通常以 1 400 km 为界，超过此值就称为宇宙空间了。从地球表面到 90 km 的高度大气中的 O_2、N_2 等的含量基本一致，我们叫它为均质大气层，90 km 以上叫非均质层。均质层由下到上分为对流层、平流层和中间层。和我们关系重大的是对流层，高度平均 12 km，赤道较厚达到 17～18 km，极地较薄 8～9 km。整个大气质量 80%～95%都在这一层中。在这一层由于下垫面受太阳的烤热而使得空气向上运动，产生环流，如哈德里环流。一般在赤道附近产生向上的气流，而在纬度等于 30°和 90°的地方有下降的气流，这样下降的气流在下沉时会出现逆温。

四、大气边界层的温度层结

大气边界层的温升主要依靠大气中所含的水蒸气和 CO_2 吸收外界的辐射能，而对于外来的能源来说，太阳是地球表面和大气层一切能量的唯一来源。低层大气主要是靠直接吸收太阳辐射而增热。由于水蒸气和 CO_2 主要吸收长波辐射，而太阳辐射以短波为主，因此从太阳辐射直接获得的能量甚微。当地面受太阳照射后太阳的能量能为地面吸收，地表温度在 200～300 K。在这一温度区间它向外发射 3～120 μm 的长波辐射，而这种波长的辐射恰能为水蒸气和 CO_2 所吸收，使得气温升高，可见低层大气的受热实际上来自受太阳照射的地面。近地层的温度随地表温度的增加而增加，随地表温度的下降而下降。同时低层气体温度当地面升温时也自下而上的受热升温，当地面降温时也自下而上的降温。

大气环境中，气温随高度变化而变化的规律我们称之为气温递减率。以 γ 表示。

$$\gamma = -\frac{\mathrm{d}T}{\mathrm{d}z} \tag{5.3}$$

式中：T —— 气温，K；

z —— 高度，m。

γ 值随着不同的时间、不同的天气情况而有所不同。

我们可以想象，当一个空气团受一机械力的作用而上升时，由于受到压力的下降而发生膨胀，部分内能作用于反抗外界的压力做膨胀功。由于空气导热性能很差，同时外界的热交换可以忽略不计，所以整个过程可以看作是绝热膨胀，而气团下降则压力增加，又可看做是绝热压缩。在上升过程中温度会下降，而下降过程中气温又会上升。

对于一个干空气团或未饱和的湿空气团绝热上升或绝热下降气温随高度的变化（通常取 100 m）值，叫作干绝热递减率，以 γ_d 表示：

$$\gamma_d = -0.98\,\mathrm{K}/100\,\mathrm{m} \approx -1\,\mathrm{K}/100\,\mathrm{m} \tag{5.4}$$

γ_d 和 γ 是两个不同的概念，γ_d 表示空气团在机械力的作用下每升降 100 m，自身温度升降 1K，后者则表示在实际大气中因受热而传递的不同高度处温度的变化，它可正、可负、可大、可小。

大气中的温度层结有以下四类情况：

（1）温度随高度的增加而降低，但降低较快，每升高 100 m，下降温度大于 1 K，即 $\gamma > \gamma_d$，称为温度递减或超绝热降温。

（2）温度随高度的增加而降低，降低温度在每 100 m 下降 1 K 左右，即 $\gamma = \gamma_d$，称为中性。

（3）温度不随高度而变，称为等温。

（4）气温随着高度而增加，称为气温逆转，简称为逆温。

上述四类大气温度层结对应的曲线如图 5.2 所示。

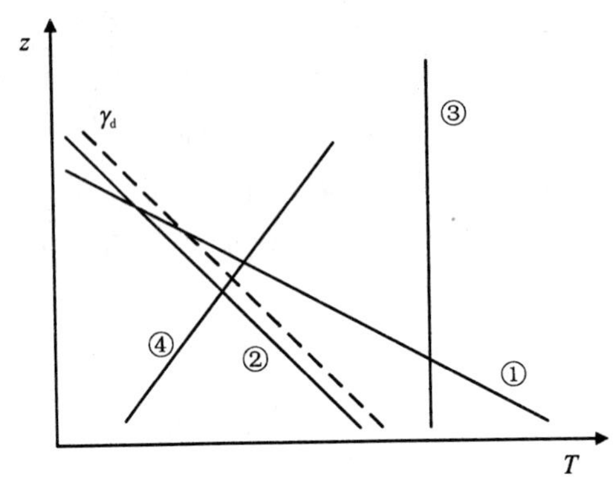

图 5.2 大气温度层结曲线

大气中的温度层结曲线一般用低空探空仪测得。

五、逆温

一般情况下都是地面（也叫下垫面）的温度较高，随着高度的增加而温度下降，所以有高处不胜寒之意。但有时会出现上热下凉的气温垂直分布，我们就叫它为逆温。逆温的类型有五种，分别是辐射逆温、下沉逆温、海岸逆温、地形逆温和锋面逆温。下面我们就对重要的逆温作一介绍。

1. 辐射逆温

常发生在无云的夜晚，当风速小于 3 m/s，地面由于强烈辐射而冷却，近地气温下降较快，远地气温下降较慢，结果出现自地面开始的逆温层。这种现象在大陆常年可见，以冬季为最强，中纬度冬季辐射逆温高度可达 200～300 m，最高能达 400 m，有时在白天当太阳照射不抵地面能量辐射时也会出现辐射逆温，逆温的出现往往使大气污染加重。

2. 下沉逆温

在高空大气中当气流下沉，常见于哈德里环流，由于压力增大而外力转为内能（绝热压缩）温度会上升。当气块顶部上升的气温大于气块下部上升的气温时则会出现下沉逆温。如图 5.3 所示。

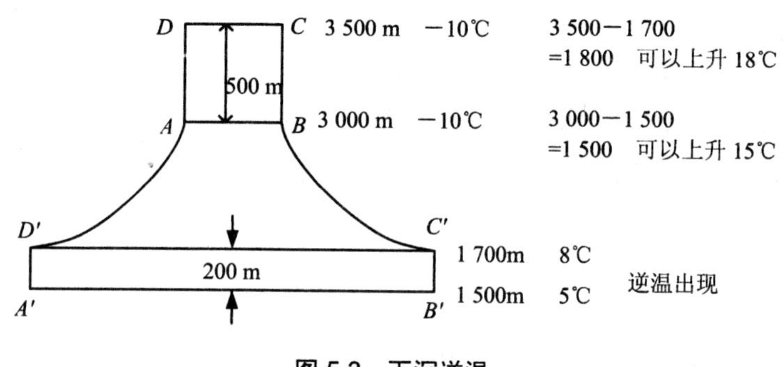

图 5.3　下沉逆温

3. 海岸逆温

在沿海岸白天陆地被太阳晒热，结果暖空气上升，同时将海面上的冷空气吸入形成海陆风，冷空气吹向陆地，暖空气吹向海洋，结果上暖下凉形成逆温，到夜间陆地很快变凉，海面仍暖，结果海面上的气流上升，陆地冷风来补充，两次形成反向的海陆风和逆温，统称为海岸逆温。

4. 地形逆温

在特殊的地形条件下，如山谷，夜间形成的冷气团沉在山谷谷底，系统中的暖气流只能在山头流过，结果形成山谷地逆温，只有太阳直射谷底和强风吹动才能消失。著名的马斯河谷（比利时）和多诺拉（美国）公害事件就同这种逆温的形成有关，前者谷深 90 m，后者谷深 100 m。

5. 锋面逆温

由于冷暖气流交汇而形成的上暖下冷的空气分布。

六、风场

风是大气层中的空气受到外力推动的结果，主要的外力来自太阳能，当太阳烘烤大气层和大气层的下垫面时由于获得的能量不均，结果气块受热膨胀的程度有差别，气块的密度有差别，气块的压强不同，此时高压气块对低压气块有一个力，在此力的作用下就产生了风，由于压力有高低，即大气存在压力梯度

（$\Delta P = P' - P''$）而产生的风叫作梯度风。当风在大气边界层行进时总要受到下垫面摩擦力的影响，随着高度的增大，这种影响就会越少，形成自由大气层。可是只要当风向同纬度线有一角度时空气的流动均会受到科力奥里力（科氏力）的影响，结果在科氏力和摩擦力的影响下自下而上风向会发生变化，在北半球是沿顺时针方向转移，在南半球则为逆时针方向转移，同时风力也逐步加大，风速加快。如把风力描绘成一个矢量，那矢量在底平面的投影符合爱克曼螺旋线解。

风速随高度变化的计算方法很多，但在 300 m 以下空间适用的计算方法是幂函数风速廓线模式计算法：

$$\bar{u} = \bar{u}_1 \cdot \left(\frac{z}{z_1}\right)^p \tag{5.5}$$

式中：$\bar{u}$ —— z 高度处的欲测风速均值，m/s；

$\bar{u}_1$ —— 已知高度的风速（通常采用 10 m 高处的常年实测平均值），m/s；

p —— 幂指数值，取值见表 5.2。

表 5.2　p 幂指数值

大气稳定度		A	B	C	D	E	F
		强不稳定	不稳定	弱不稳定	中性	较稳定	稳定
p 值	城市	0.10	0.15	0.20	0.25	0.30	0.30
	乡村	0.07	0.07	0.10	0.15	0.25	0.25

p 值也可由现场实地观察值计算而得。

下面介绍一下地方性风场。由于不同的地形下垫面的物理性质存在很大的差异，从而引起热状态的不均匀分布，这种热力的差异在弱的天气系统下就可能产生局地环流，诸如海陆风、城郊风、山谷风、坡地风等地方性环流，这种地方性的环流往往影响大气污染物的扩散，会使地面上的污染物浓度发生剧烈的变化。

1．海陆交界风

白天地面温度高于海面，结果形成贴地海风吹向内陆，高空陆风吹向海洋，形成局地环流，夜间亦然，只是风向相反，因此在这一局地环流中形成污染物的积累。

2. 山谷风

在山谷里，白天太阳照在山坡上形成坡面上升气流，而在谷地中央形成下沉气流，结果形成局地环流，到夜间坡面冷却较快形成坡面下降气流，山谷中央气流上升也形成局地环流，在环流中污染物形成积累，污染物的浓度升高。

3. 城郊气流

由于城市的热岛效应，往往使得城市中央形成上升气流，而四郊空气往城市中心地区补充，形成城郊气流，如城市四周布置工厂则会对城市形成局地污染。

4. 山脊涡流

当气流通过山脊时在山脊形成下沉涡流，使山背后污染加重。

七、大气稳定度

大气稳定度是指“整层空气的稳定程度”，判断大气是否稳定可以用大气的气温垂直分布是否有利于空气团作垂直加速度运动来进行，如空气发生温度变化则有上浮力或下浮力。当我们考虑下垫面的加热或冷却效应时就会发现大气的温度变化不仅有内能的转换，而且有外能的移入，这时大气将伴有形形色色的运动。

当一外力作用于一空气块时会有如下三种情况：一是当外力减除后这一气块会逐渐减速而回到它原来的位置，我们称这种大气是稳定的；二是当外力减除后这一气块反而加速上升或下降，我们就称这种大气是不稳定的；三是当外力减除后气块被推到哪儿就停在哪儿或做等速直线运动，我们称这种大气是中性的。

我们可以想象有一个气块，当给它一力其下降了 100 m，结果由于绝热压缩而升温 1℃，如果 $\gamma > \gamma_d$，则周围的温度比下降气团温度要高，则会发生气团的比重比周围大气的密度大。当减除外力以后它会继续下沉，我们就称它为不稳定。如果下降了 100 m 后，四周的气温比气团的温度低，也就是 $\gamma < \gamma_d$，当外力减除后气团会上升，甚至会回到原处，我们就称它为稳定的。如果 $\gamma = \gamma_d$，则气团被推到哪儿就会在哪儿停留，我们就称它为中性。

我们可以用气温垂直递减率的大小来判断大气是否稳定。利用气体受热而产生浮力来判断，如浮力引起的加速度为 a，则有下式成立：

$$a = \mathrm{g} \cdot \frac{\gamma - \gamma_d}{T} \cdot \Delta z \tag{5.6}$$

如 $\gamma - \gamma_d > 0$，则 $a > 0$，气块运动加快，大气处于不稳定；如 $\gamma - \gamma_d = 0$，则 $a = 0$，大气稳定度为中性；当 $\gamma - \gamma_d < 0$，则 $a < 0$，气块减速运动最终会静止，则大气为

稳定。

大气稳定度对大气污染状况有很大的影响。

八、湍流

大气污染物排到大气环境中是怎样迁移转化的，怎样传输到受害者的所在地，这是我们所关心的。从实际观察得知污染物主要是通过在大气中随着所在空气介质的搬运而到达受害者所在地的，而空气介质的主要搬运方式是空气的流动，在空气流动的过程中会形成一定的湍涡，这种无规则的湍涡是使大气污染物扩散开来的主要方式，当然污染物的分子扩散也会使得污染物得到散布，然而污染物的搬运和散布主要依靠空气的流动和空气的湍流，而这种湍流又是污染物扩散的主要原因。这种湍流在气象观测中以风向的摆动得以证实。

我们可以把湍流运动看做是随机运动，可以用数理统计理论来描述。描述湍流运动有欧拉法和拉格朗日法。

按照湍流形成的原因可以把湍流分为两种，由铅直向各层面因受热不均而形成的热力湍流，它的强度取决于大气稳定度；由铅直层面风速分布不均匀及地面粗糙度而产生的湍流，则为机械湍流，它的强度取决于风速梯度和地面粗糙度，实际湍流是上述两种湍流的叠加。

湍流对污染物有极强的扩散能力，它比分子扩散快 10^5～10^6 倍，大气中污染物之所以能被扩散，主要是湍流的贡献。

第二节　大气环境影响评价概述

一、大气环境影响评价定义

大气环境影响评价就是从保护环境的角度出发，在摸清大气自然规律和污染物排放规律的基础上，通过调查、预测、模式计算等手段，分析生产、生活活动所排放的主要气载污染物对大气环境可能带来的影响的程度和范围，为建设项目厂址选择、污染源设置、制订大气污染防治措施等提供指导，为决策者合理安排生产、生活活动提供依据。

大气环境影响评价过程中涉及的环境空气敏感区是指在评价范围内按环境空

气质量标准规定划分为一类功能区的自然保护区、风景名胜区和其他需要特殊保护的地区，二类功能区中的居民区、文化区等人群较集中的环境空气保护目标，以及对项目排放大气污染物敏感的区域。

在进行大气环境影响评价的过程中，按环境空气质量标准规定的常规污染物包括 SO_2、颗粒物（TSP、PM_{10}）、NO_x、CO 等污染物，除常规污染物以外的特有污染物称为特征污染物，主要指项目实施后可能导致潜在污染或对周边环境空气保护目标产生影响的特有污染物。

大气污染源按预测模式的模拟形式可以分为点源、面源、线源、体源四种类别。点源是指通过某种装置集中排放的固定点状源，如烟囱、集气筒等，通过有组织形式排放大气污染物的各种类型的装置，就是排气筒。面源是指在一定区域范围内，以低矮密集的方式自地面或近地面的高度排放污染物的源，如工艺过程中的无组织排放、储存堆、渣场等排放源。线源是指污染物呈线状排放或者由移动源构成线状排放的源，如城市道路的机动车排放源等。体源是指由源本身或附近建筑物的空气动力学作用使污染物呈一定体积向大气排放的源，如焦炉炉体、屋顶天窗等。

如果距污染源中心点 5 km 内的地形高度（不含建筑物）低于排气筒高度时，定义为简单地形，在此范围内地形高度不超过排气筒基底高度时，可认为地形高度为 0 m。相反，距污染源中心点 5 km 内的地形高度（不含建筑物）等于或超过排气筒高度时，定义为复杂地形。

二、大气环境影响评价工作任务

大气环境影响评价的工作任务是通过调查、预测等手段，对项目在建设施工期及建成后运营期所排放的大气污染物对环境空气质量影响的程度、范围和频率进行分析、预测和评估，为项目的厂址选择、排污口设置、大气污染防治措施制订以及其他有关的工程设计、项目实施环境监测等提供科学依据或指导性意见。

三、大气环境影响评价工作程序

大气环境影响评价工作程序可以分为三个阶段。

第一阶段主要工作包括研究有关文件、环境空气质量现状调查、初步工程分析、环境空气敏感区调查、评价因子筛选、评价标准确定、气象特征调查、地形特征调查、编制工作方案、确定评价工作等级和评价范围等。

第二阶段主要工作包括污染源的调查与核实、环境空气质量现状监测、气象观测资料调查与分析、地形数据收集和大气环境影响预测与评价等。

第三阶段主要工作包括给出大气环境影响评价结论与建议、完成环境影响评价文件的编写等。

大气环境影响评价工作程序见图 5.4。

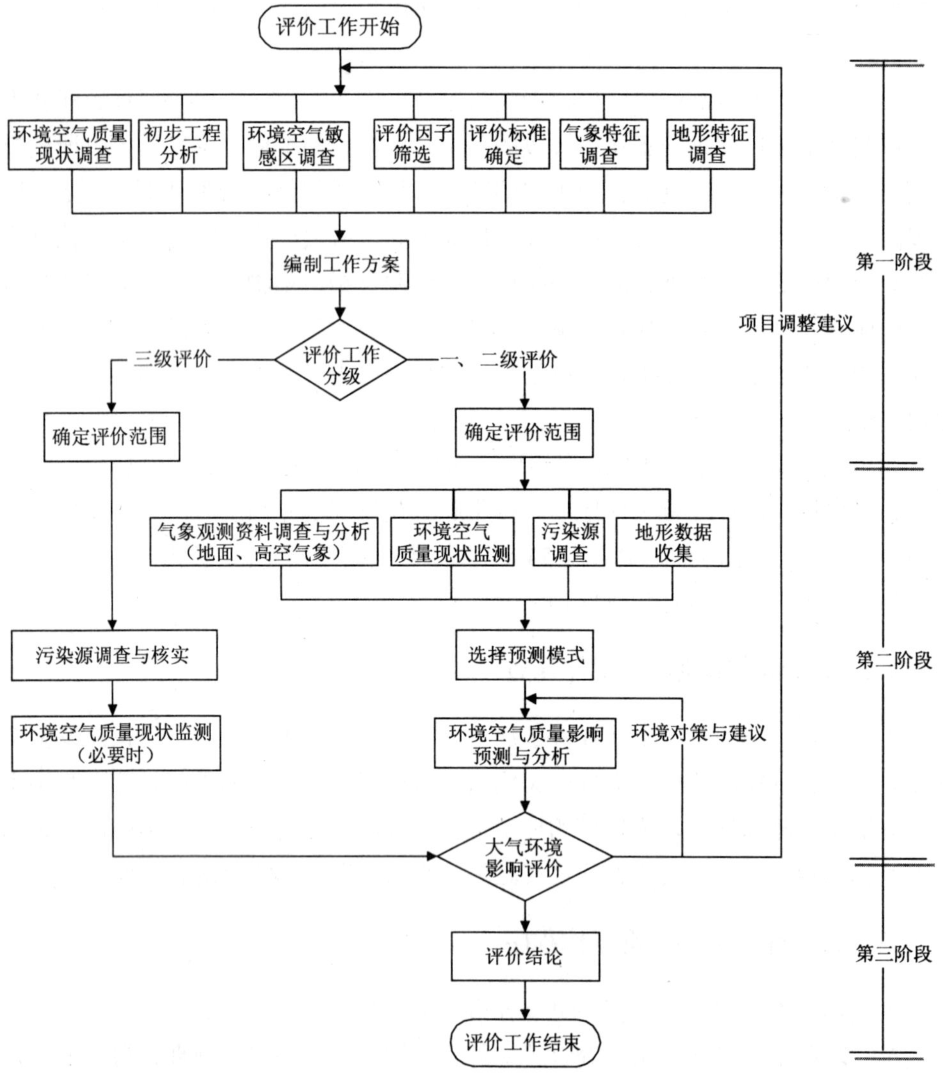

图 5.4 大气环境影响评价工作程序

第三节　大气环境影响评价内容

一、大气环境影响评价范围

根据项目排放污染物的最远影响范围确定项目的大气环境影响评价范围，即以排放源为中心点，以 $D_{10\%}$（污染物的地面浓度达标准限值 10%时所对应的最远距离）为半径的圆或 $2\times D_{10\%}$为边长的矩形作为大气环境影响评价范围；当最远距离超过 25 km 时，确定评价范围为半径 25 km 的圆形区域，或边长 50 km 矩形区域。但有两点需注意，评价范围的直径或边长一般不应小于 5 km；对于以线源为主的城市道路等项目，评价范围可设定为线源中心两侧各 200 m 的范围。

调查评价范围内所有的环境空气敏感区，要在图中标注，并列表给出环境空气敏感区内主要保护对象的名称、大气环境功能区划级别、与项目的相对距离、方位，以及受保护对象的范围和数量。

二、大气污染源调查与分析

1. 污染源调查与分析对象

对于一、二级评价项目，应调查分析项目的所有污染源（对于改、扩建项目应包括新、老污染源）、评价范围内与项目排放污染物有关的其他在建项目、已批复环境影响评价文件的未建项目等污染源。如有区域替代方案，还应调查评价范围内所有的拟替代的污染源。

对于三级评价项目可只调查分析项目污染源。

2. 污染源调查与分析方法

对于新建项目可通过类比调查、物料衡算或设计资料确定。

对于评价范围内的在建和未建项目的污染源调查，可使用已批准的环境影响报告书中的资料。

对于现有项目和改、扩建项目的现状污染源调查，可利用已有有效数据或进行实测。

对于分期实施的工程项目，可利用前期工程最近 5 年内的验收监测资料、年度例行监测资料或进行实测。

如果评价范围内有拟替代的污染源，其调查方法参考项目的污染源调查方法。

3．一级评价项目污染源调查内容

（1）污染源排污概况调查

① 在满负荷排放下，按分厂或车间逐一统计各有组织排放源和无组织排放源的主要污染物排放量。

② 对改、扩建项目应给出：现有工程排放量、扩建工程排放量，以及现有工程经改造后的污染物预测削减量，并按上述三个量计算最终排放量。

③ 对于毒性较大的污染物还应估计其非正常排放量。

④ 对于周期性排放的污染源，还应给出周期性排放系数。周期性排放系数取值为 0～1，一般可按季节、月份、星期、日、小时等给出周期性排放系数，如表 5.3 所示。

表 5.3　污染源周期性排放系数统计表

季节	春	夏	秋	冬								
排放系数												
月份	1	2	3	4	5	6	7	8	9	10	11	12
排放系数												
星期	日	一	二	三	四	五	六					
排放系数												
小时	1	2	3	4	5	6	7	8	9	10	11	12
排放系数												
小时	13	14	15	16	17	18	19	20	21	22	23	24
排放系数												

（2）点源调查内容

① 排气筒底部中心坐标，以及排气筒底部的海拔（m）；

② 排气筒几何高度（m）及排气筒出口内径（m）；

③ 烟气出口速度（m/s）；

④ 排气筒出口处烟气温度（K）；

⑤ 各主要污染物正常排放量（g/s），排放工况，年排放小时数（h）；

⑥ 毒性较大物质的非正常排放量（g/s），排放工况，年排放小时数（h）。

点源（包括正常排放和非正常排放）参数调查清单如表 5.4 所示。

表 5.4 点源参数调查清单

项目	点源编号	点源名称	X坐标	Y坐标	排气筒底部海拔高度	排气筒高度	排气筒内径	烟气出口速度	烟气出口温度	年排放小时数	排放工况	评价因子源强				
												烟尘	粉尘	SO_2	NO_x	其他
符号	Code	Name	P_x	P_y	H_0	H	D	V	T	H_r	Cond	$Q_{烟尘}$	$Q_{粉尘}$	Q_{SO_2}	Q_{NO_x}	……
单位	—	—	m	m	m	m	m	m/s	K	h	—	g/s	g/s	g/s	g/s	
数据																

（3）面源调查内容

① 面源起始点坐标以及面源所在位置的海拔高度（m）；

② 面源初始排放高度（m）；

③ 各主要污染物正常排放量[g/（s • m^2）]，排放工况，年排放小时数（h）；

④ 矩形面源：初始点坐标，面源的长度（m），面源的宽度（m），与正北方向逆时针的夹角，图 5.5 为矩形面源示意图。

⑤ 多边形面源：多边形面源的顶点数或边数（3～20）以及各顶点坐标，图 5.6 为多边形面源示意图。

⑥ 近圆形面源：中心点坐标，近圆形半径（m），近圆形顶点数或边数，图 5.7 为近圆形面源示意图。

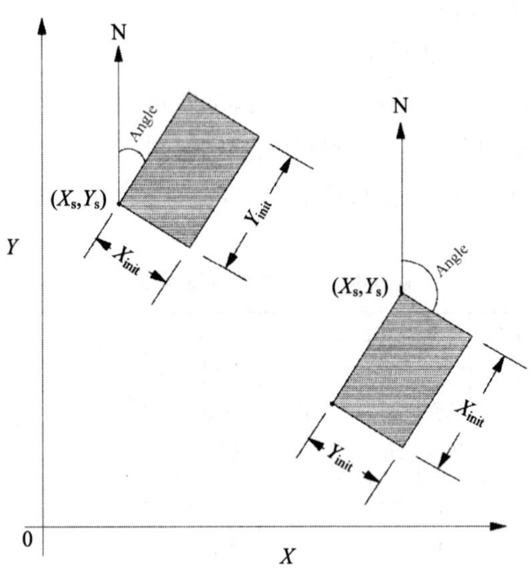

注：（X_s，Y_s）为面源的起始点坐标、Angle 为面源 Y 方向的边长与正北方向的夹角（逆时针方向）、X_{init} 为面源 X 方向的边长、Y_{init} 为面源 Y 方向的边长。

图 5.5　矩形面源示意

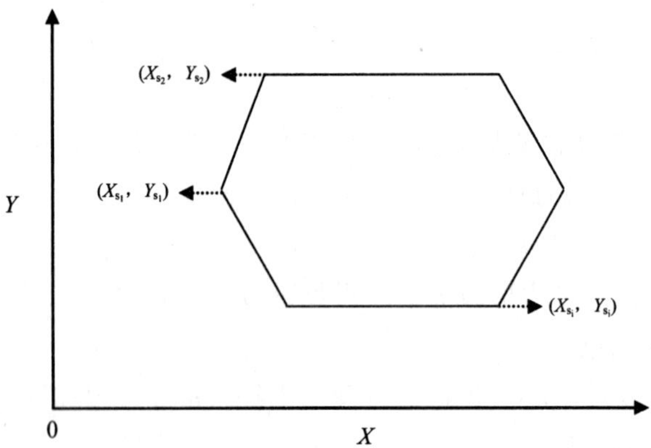

注：（X_{s_1}，Y_{s_1}）、（X_{s_2}，Y_{s_2}）、（X_{s_i}，Y_{s_i}）为多边形面源顶点坐标。

图 5.6　多边形面源示意

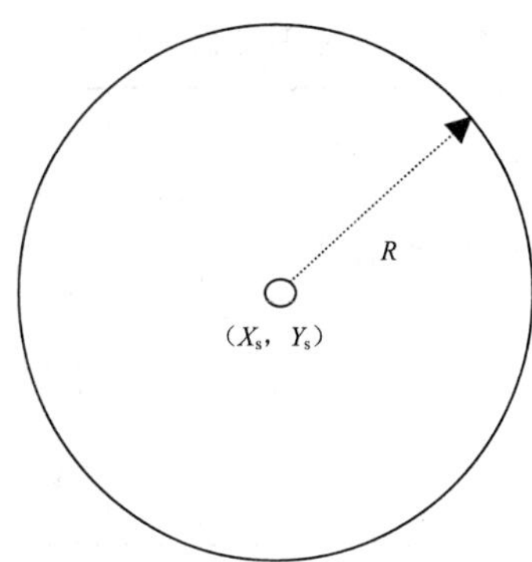

注：（X_s，Y_s）为圆弧弧心坐标、R 为圆弧半径。

图 5.7　近圆形面源示意

各类面源参数调查清单见表 5.5～表 5.7。

表 5.5　矩形面源参数调查清单

项目	面源编号	面源名称	面源起始点		海拔高度	面源长度	面源宽度	与正北夹角	面源初始排放高度	年排放小时数	排放工况	评价因子源强				
			X 坐标	Y 坐标								烟尘	粉尘	SO_2	NO_x	其他
符号	Code	Name	X_s	Y_s	H_0	L_1	L_w	Arc	H	H_r	Cond	$Q_{烟尘}$	$Q_{粉尘}$	Q_{SO_2}	Q_{NO_x}	……
单位	—	—	m	m	m	m	m	°	m	h	—	g/（s·m²）				
数据																

表 5.6　多边形面源参数调查清单

项目	面源编号	面源名称	顶点 1 坐标		顶点 2 坐标		其他顶点坐标	海拔高度	面源初始排放高度	年排放小时数	排放工况	评价因子源强				
			X 坐标	Y 坐标	X 坐标	Y 坐标						烟尘	粉尘	SO_2	NO_x	其他
符号	Code	Name	X_{s1}	Y_{s1}	X_{s2}	Y_{s2}	……	H_0	H	H_r	Cond	$Q_{烟尘}$	$Q_{粉尘}$	Q_{SO_2}	Q_{NO_x}	……
单位	—	—	m	m	m	m	—	m	m	h	—	g/（s·m²）				
数据																

表 5.7 近圆形面源调查清单

项目	面源编号	面源名称	中心坐标		海拔高度	近圆形半径	顶点数或边数	面源初始排放高度	年排放小时数	排放工况	评价因子源强				
			X 坐标	Y 坐标							烟尘	粉尘	SO_2	NO_x	其他
符号	Code	Name	X_s	Y_s	H_0	R	n	H	H_r	Cond	$Q_{烟尘}$	$Q_{粉尘}$	Q_{SO_2}	Q_{NO_x}	……
单位	—	—	m	m	m	m	—	m	h	—	g/（s·m²）				
数据															

（4）体源调查内容

① 体源中心点坐标以及体源所在位置的海拔高度（m）；

② 体源高度（m）；

③ 体源排放速率（g/s），排放工况，年排放小时数（h）；

④ 体源的边长（m）（把体源划分为多个正方形，边长见图 5.8、图 5.9 中的 W）；

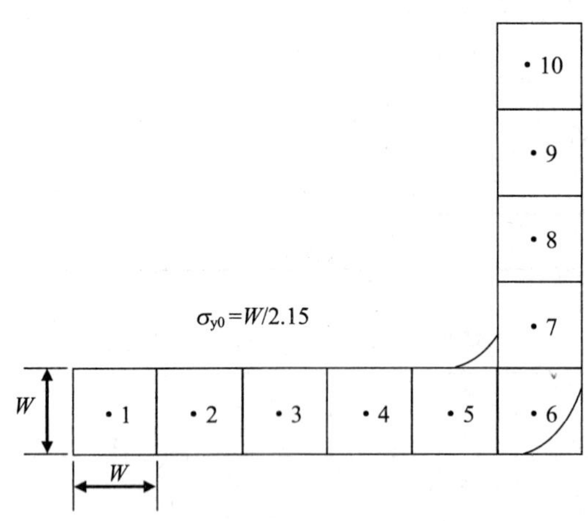

注：W 为单个体源的边长。

图 5.8 连续划分的体源

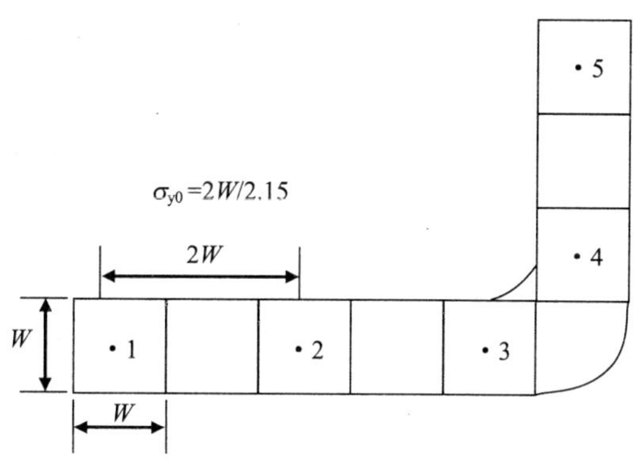

注：W 为单个体源的边长。

图 5.9　间隔划分的体源

⑤ 初始横向扩散参数（m），初始垂直扩散参数（m），体源初始扩散参数的估算见表 5.8、表 5.9；

表 5.8　体源初始横向扩散参数的估算

源类型	初始横向扩散参数
单个源	σ_{y0}=边长/4.3
连续划分的体源（图 5.8）	σ_{y0}=边长/2.15
间隔划分的体源（图 5.9）	σ_{y0}=两个相邻间隔中心点的距离/2.15

表 5.9　体源初始垂直扩散参数的估算

<table>
<tr><th colspan="2">源位置</th><th>初始垂直扩散参数</th></tr>
<tr><td colspan="2">源基底处地形高度 $H_0 \approx 0$</td><td>σ_{z0} =源的高度/2.15</td></tr>
<tr><td rowspan="2">源基底处地形高度 $H_0 > 0$</td><td>在建筑物上的，或邻近建筑物</td><td>σ_{z0}=建筑物高度/2.15</td></tr>
<tr><td>不在建筑物上，或不邻近建筑物</td><td>σ_{z0}=源的高度/4.3</td></tr>
</table>

⑥ 体源参数调查清单参见表 5.10。

表 5.10 体源参数调查清单

项目	体源编号	体源名称	体源中心坐标		海拔高度	体源边长	体源高度	年排放小时数	排放工况	初始扩散参数		评价因子源强				
			X坐标	Y坐标						横向	垂直	烟尘	粉尘	SO_2	NO_x	其他
符号	Code	Name	P_x	P_y	H_0	W	H	H_r	Cond	σ_y	σ_z	$Q_{烟尘}$	$Q_{粉尘}$	Q_{SO_2}	Q_{NO_x}	……
单位	—	—	m	m	m	m	m	h	—	m	m	g/s				
数据																

（5）线源调查内容

① 线源几何尺寸（分段坐标），线源距地面高度（m），道路宽度（m），街道街谷高度（m）；

② 各种车型的污染物排放速率[g/（km • s）]；

③ 平均车速（km/h），各时段车流量（辆/h）、车型比例。

线源参数调查清单参见表 5.11。

表 5.11 线源参数调查清单

项目	线源编号	线源名称	分段坐标 1		分段坐标 2		分段坐标 n	道路高度	道路宽度	街道街谷高度	平均车速	车流量	车型/比例	各车型污染物排放速率				
			X坐标	Y坐标	X坐标	Y坐标								NO_x	粉尘	CO	VOC	其他
符号	Code	Name	X_{s1}	Y_{s1}	X_{s2}	Y_{s2}	……	H	H_w	H_s	U	Vel		Q_{NO_x}	$Q_{粉尘}$	Q_{CO}	Q_{VOC}	……
单位	—	—	m	m	m	m	—	m	m	m	km/h	辆/h	—	g/（km • s）				
数据																		

（6）其他需调查的内容

1）建筑物下洗参数

在考虑由于周围建筑物引起的空气扰动而导致地面局部高浓度的现象时，需调查建筑物下洗参数。建筑物下洗参数应根据所选预测模式的需要，按相应要求进行调查。

2）颗粒物的粒径分布

调查内容包括颗粒物粒径分级（最多不超过 20 级），颗粒物的分级粒径（μm）、各级颗粒物的质量密度（g/cm^3）以及各级颗粒物所占的质量比（0～1）。

颗粒物粒径分布调查清单参见表 5.12。

表 5.12 颗粒物粒径分布调查清单

项目	粒径分级	分级粒径	颗粒物质量密度	所占质量比
符号	Label	Label-D	Density	Percent
单位	—	μm	g/cm^3	—
数据				

4．二级评价项目污染源调查内容

二级评价项目污染源调查内容参照一级评价项目执行，可适当从简。

5．三级评价项目污染源调查内容

三级评价项目可只调查污染源排污概况，调查内容和前述一致，并对估算模式中的污染源参数进行核实。

三、环境空气质量现状调查与评价

1．环境空气质量现状调查原则

（1）现状调查资料来源

现状调查资料来源分三种途径，可视不同评价等级及对数据的要求结合进行。

① 评价范围内及邻近评价范围的各例行空气质量监测点的近三年与项目有关的监测资料。

② 收集近三年与项目有关的历史监测资料。

③ 进行现场监测。

（2）监测资料统计内容与要求

凡涉及 GB 3095 中污染物的各类监测资料的统计内容与要求，均应满足该标准中各项污染物数据统计的有效性规定。

（3）监测方法

① 涉及 GB 3095 中各项污染物的分析方法应符合该标准对分析方法的规定。

② 应首先选用国家环境主管部门发布的标准监测方法。对尚未制定环境标准的非常规大气污染物，应尽可能参考 ISO 等国际组织和国内外相应的监测方法，在环境影响评价文件中详细列出监测方法、适用性及其引用依据，并报请环保主

管部门批准。

③ 监测方法的选择，应满足项目的监测目的，并注意其适用范围、检出限、有效检测范围等监测要求。

2. 现有监测资料的分析

（1）对照各污染物有关的环境质量标准，分析其长期浓度（年均浓度、季均浓度、月均浓度）、短期浓度（日平均浓度、小时平均浓度）的达标情况。

（2）若监测结果出现超标，应分析其超标率、最大超标倍数以及超标原因。

（3）分析评价范围内的污染水平和变化趋势。

3. 环境空气质量现状监测

（1）监测因子

① 凡项目排放的污染物属于常规污染物的应筛选为监测因子。

② 说明。

凡项目排放的特征污染物有国家或地方环境质量标准的，或者有《工业企业设计卫生标准》中的居住区大气中有害物质的最高允许浓度的，应筛选为监测因子；对于没有相应环境质量标准的污染物，且属于毒性较大的，应按照实际情况选取有代表性的污染物作为监测因子，同时应给出参考标准值和出处。

（2）监测制度

① 监测期。

一级评价项目应进行二期（冬季、夏季）监测；

二级评价项目可取一期不利季节进行监测，必要时应作二期监测；

三级评价项目必要时可做一期监测。

② 监测时间。每期监测至少应取得有季节代表性的 7 天有效数据，采样时间应符合监测资料的统计要求。对于评价范围内没有排放同种特征污染物的项目，可减少监测天数。

③ 监测要求。监测时间的安排和采用的监测手段，应能同时满足环境空气质量现状调查、污染源资料验证及预测模式的需要；监测时应使用空气自动监测设备。

在不具备自动连续监测条件时，1 小时浓度监测值应遵循下列原则：

一级评价项目每天监测时段，应至少涵盖当地时间 02 时、05 时、08 时、11 时、14 时、17 时、20 时、23 时 8 个小时浓度值；

二级和三级评价项目每天监测时段，至少涵盖当地时间 02 时、08 时、14 时、20 时 4 个小时浓度值；

日平均浓度监测值应符合 GB 3095 对数据的有效性规定。

④ 对于部分无法进行连续监测的特殊污染物，可监测其一次浓度值，监测时间须满足所用评价标准值的取值时间要求。

（3）监测布点

1）监测点设置

应根据项目的规模和性质，结合地形复杂性、污染源及环境空气保护目标的布局，综合考虑监测点设置数量。

一级评价项目，监测点应包括评价范围内有代表性的环境空气保护目标，点位不少于 10 个。二级评价项目，监测点应包括评价范围内有代表性的环境空气保护目标，点位不少于 6 个。对于地形复杂、污染程度空间分布差异较大，环境空气保护目标较多的区域，可酌情增加监测点数目。三级评价项目，若评价范围内已有例行监测点位，或评价范围内有近 3 年的监测资料，且其监测数据有效性符合《环境影响评价技术导则　大气环境》有关规定，并能满足项目评价要求的，可不再进行现状监测，否则，应设置 2～4 个监测点。

若评价范围内没有其他污染源排放同种特征污染物的，可适当减少监测点位。

对于公路、铁路等项目，应分别在各主要集中式排放源（如服务区、车站等大气污染源）评价范围内，选择有代表性的环境空气保护目标设置监测点位，监测点设置数目可参考上述评价项目。

城市道路项目，可不受上述监测点设置数目限制，根据道路布局和车流量状况，并结合环境空气保护目标的分布情况，选择有代表性的环境空气保护目标设置监测点位。

2）监测点位

现状监测布点原则：监测点的布设，应尽量全面、客观、真实地反映评价范围内的环境空气质量。依项目评价等级和污染源布局的不同，按照以下原则进行监测布点，各级评价项目现状监测布点原则汇总见表 5.13。

表 5.13 现状监测布点原则

布点项目	一级评价	二级评价	三级评价
监测点数	≥10	≥6	2～4
布点方法	极坐标布点法	极坐标布点法	极坐标布点法
布点方位	在约 0°、45°、90°、135°、180°、225°、270°、315°等方向布点，并且在下风向加密，也可根据局地地形条件、风频分布特征以及环境功能区、环境空气保护目标所在方位做适当调整	至少在约 0°、90°、180°、270°等方向布点，并且在下风向加密，也可根据局地地形条件、风频分布特征以及环境功能区、环境空气保护目标所在方位做适当调整	至少在约 0°、180°等方向布点，并且在下风向加密，也可根据局地地形条件、风频分布特征以及环境功能区、环境空气保护目标所在方位做适当调整
布点要求	各个监测点要有代表性，环境监测值应能反映各环境敏感区域、各环境功能区的环境质量，以及预计受项目影响的高浓度区的环境质量		

一级评价项目：①以监测期间所处季节的主导风向为轴向，取上风向为 0°，至少在约 0°、45°、90°、135°、180°、225°、270°、315°方向上各设置 1 个监测点，在主导风向下风向距离中心点（或主要排放源）不同距离，加密布设 1～3 个监测点。具体监测点位可根据局地地形条件、风频分布特征以及环境功能区、环境空气保护目标所在方位做适当调整。各个监测点要有代表性，环境监测值应能反映各环境空气敏感区、各环境功能区的环境质量，以及预计受项目影响的高浓度区的环境质量。②各监测期环境空气敏感区的监测点位置应重合。预计受项目影响的高浓度区的监测点位，应根据各监测期所处季节主导风向进行调整。

二级评价项目：①以监测期间所处季节的主导风向为轴向，取上风向为 0°，至少在约 0°、90°、180°、270°方向上各设置 1 个监测点，主导风向下风向应加密布点。具体监测点位根据局地地形条件、风频分布特征以及环境功能区、环境空气保护目标所在方位做适当调整。各个监测点要有代表性，环境监测值应能反映各环境空气敏感区、各环境功能区的环境质量，以及预计受项目影响的高浓度区的环境质量。②如需要进行二期监测，应与一级评价项目相同，根据各监测期所处季节主导风向调整监测点位。

三级评价项目：①以监测期间所处季节的主导风向为轴向，取上风向为 0°，至少在约 0°、180°方向上各设置 1 个监测点，主导风向下风向应加密布点，也可根据局地地形条件、风频分布特征以及环境功能区、环境空气保护目标所在方位做适当调整。各个监测点要有代表性，环境监测值应能反映各环境空气敏感区、各环境功能区的环境质量，以及预计受项目影响的高浓度区的环境质量。②如果评价范围内已有例行监测点可不再安排监测。

城市道路评价项目：对于城市道路等线源项目，应在项目评价范围内，选取有代表性的环境空气保护目标设置监测点。监测点的布设还应结合敏感点的垂直空间分布进行设置。

3）监测点位置的周边环境条件

监测点周围空间应开阔，采样口水平线与周围建筑物的高度夹角小于30°；

监测点周围应有270°采样捕集空间，空气流动不受任何影响；

避开局地污染源的影响，原则上20 m范围内应没有局地排放源；

避开树木和吸附力较强的建筑物，一般在15～20 m范围内没有绿色乔木、灌木等；

应注意监测点的可到达性和电力保证。

（4）监测采样

环境空气监测中的采样点、采样环境、采样高度及采样频率的要求，按相关环境监测技术规范执行。

（5）同步气象资料要求

应同步收集项目位置附近有代表性，且与各环境空气质量现状监测时间相对应的常规地面气象观测资料。

（6）监测结果统计分析

以列表的方式给出各监测点大气污染物的不同取值时间的浓度变化范围，计算并列表给出各取值时间最大浓度值占相应标准浓度限值的百分比和超标率，并评价达标情况。

分析大气污染物浓度的日变化规律以及大气污染物浓度与地面风向、风速等气象因素及污染源排放的关系。

分析重污染时间分布情况及其影响因素。

四、气象观测资料调查

1．气象观测资料调查的基本原则

① 气象观测资料的调查要求与项目的评价等级有关，还与评价范围内地形复杂程度、水平流场是否均匀一致、污染物排放是否连续稳定有关。

② 常规气象观测资料包括常规地面气象观测资料和常规高空气象探测资料。

③ 对于各级评价项目，均应调查评价范围 20 年以上的主要气候统计资料。包括年平均风速和风向玫瑰图，最大风速与月平均风速，年平均气温与月平均气温，极端气温，年平均相对湿度，年均降水量，降水量极值，日照等。

④ 对于一、二级评价项目，还应调查逐日、逐次的常规气象观测资料及其他气象观测资料。

2. 一级评价项目气象观测资料调查要求

对于一级评价项目，气象观测资料调查基本要求分两种情况。评价范围小于 50 km 条件下，需调查地面气象观测资料，并按选取的模式要求，补充调查必需的常规高空气象探测资料。评价范围大于 50 km 条件下，需调查地面气象观测资料和常规高空气象探测资料。

（1）地面气象观测资料调查要求

调查距离项目最近的地面气象观测站，近 5 年内的至少连续 3 年的常规地面气象观测资料。如果地面气象观测站与项目的距离超过 50 km，并且地面站与评价范围的地理特征不一致，还需要进行为期 1 年的连续观测。

（2）常规高空气象探测资料调查要求

调查距离项目最近的高空气象探测站，近 5 年内的至少连续 3 年的常规高空气象探测资料。如果高空气象探测站与项目的距离超过 50 km，高空气象资料可采用中尺度气象模式模拟的 50 km 内的格点气象资料。

3. 二级评价项目气象观测资料调查要求

对于二级评价项目，气象观测资料调查基本要求同一级评价项目。

（1）地面气象观测资料调查要求

调查距离项目最近的地面气象观测站，近 3 年内的至少连续 1 年的常规地面气象观测资料。如果地面气象观测站与项目的距离超过 50 km，并且地面站与评价范围的地理特征不一致，还需要进行补充地面气象观测。

（2）常规高空气象探测资料调查要求

调查距离项目最近的常规高空气象探测站，近 3 年内的至少连续 1 年的常规高空气象探测资料。如果高空气象探测站与项目的距离超过 50 km，高空气象资料可采用中尺度气象模式模拟的 50 km 内的格点气象资料。

4．气象观测资料调查内容

（1）地面气象观测资料

1）观测资料的时次

根据所调查地面气象观测站的类别，并遵循先基准站，次基本站，后一般站的原则，收集每日实际逐次观测资料。

2）观测资料的常规调查项目

包括时间（年、月、日、时）、风向（以角度或按16个方位表示）、风速、干球温度、低云量、总云量。

3）根据不同评价等级预测精度要求及预测因子特征，可选择调查的观测资料的内容

包括湿球温度、露点温度、相对湿度、降水量、降水类型、海平面气压、观测站地面气压、云底高度、水平能见度等。

地面气象观测资料内容汇总见表5.14。

表5.14　地面气象观测资料内容

名称	单位
年	—
月	—
日	—
时	—
风向	(°)（方位）
风速	m/s
总云量	十分量
低云量	十分量
干球温度	℃
湿球温度	℃
露点温度	℃
相对湿度	%
降水量	mm/h
降水类型	—
海平面气压	hPa（百帕）
观测站地面气压	hPa（百帕）
云底高度	km
水平能见度	km

（2）常规高空气象探测资料

1）探测资料的时次

根据所调查的常规高空气象探测站的实际探测时次确定，一般每日应至少调查1次（北京时间08点）距地面1 500 m高度以下的高空气象探测资料。

2）探测资料的常规调查项目

包括时间（年、月、日、时）、探空数据层数、每层的气压、高度、气温、风速、风向（以角度或按16 个方位表示）。

常规高空气象探测资料内容汇总见表5.15。

表5.15 常规高空气象探测资料内容

名称	单位
年	—
月	—
日	—
时	—
探空数据层数	—
气压	hPa（百帕）
高度	m
干球温度	℃
露点温度	℃
风速	m/s
风向	（°）（方位）

5. 补充地面气象观测要求

（1）观测地点

在评价范围内设立地面气象站，站点设置应符合相关地面气象观测规范的要求。

（2）观测期限

一级评价的补充观测应进行为期1年的连续观测；二级评价的补充观测可选择有代表性的季节进行连续观测，观测期限应在2个月以上。

（3）观测内容

应符合地面气象观测资料的要求。

（4）观测方法

应符合相关地面气象观测规范的要求。

（5）观测数据的应用

补充地面气象观测数据可作为当地长期气象条件参与大气环境影响预测。

6. 常规气象资料分析内容

（1）温度

1）温度统计量

统计长期地面气象资料中每月平均温度的变化情况（见表 5.16），并绘制年平均温度月变化曲线图。

表 5.16 年平均温度的月变化 单位：℃

月份	1月	2月	3月	4月	5月	6月	7月	8月	9月	10月	11月	12月
温度												

2）温廓线

对于一级评价项目，需酌情对污染较严重时的高空气象探测资料作温廓线的分析，分析逆温层出现的频率、平均高度范围和强度。

（2）风速

1）风速统计量

统计月平均风速随月份的变化和季小时平均风速的日变化。即根据长期气象资料统计每月平均风速、各季每小时的平均风速变化情况（见表 5.17、表 5.18），并绘制平均风速的月变化曲线图和季小时平均风速的日变化曲线图。

表 5.17 年平均风速的月变化 单位：m/s

月份	1月	2月	3月	4月	5月	6月	7月	8月	9月	10月	11月	12月
风速												

表 5.18 季小时平均风速的日变化 单位：m/s

季节	1	2	3	4	5	6	7	8	9	10	11	12
春季												
夏季												
秋季												
冬季												

季节	13	14	15	16	17	18	19	20	21	22	23	24
春季												
夏季												
秋季												
冬季												

2）风廓线

对于一级评价项目，需酌情对污染较严重时的高空气象探测资料作风廓线的分析，分析不同时间段大气边界层内的风速变化规律。

（3）风向、风频

1）风频统计量

统计所收集的长期地面气象资料中，每月、每季及长期平均各风向风频变化情况，分析要求参见表 5.19、表 5.20。

表 5.19　年均风频的月变化　单位：%

月份	风频																
	N	NNE	NE	ENE	E	ESE	SE	SSE	S	SSW	SW	WSW	W	WNW	NW	NNW	C
1																	
2																	
3																	
4																	
5																	
6																	
7																	
8																	
9																	
10																	
11																	
12																	

表 5.20 年均风频的季变化及年均风频 单位：%

季节	风频																
	N	NNE	NE	ENE	E	ESE	SE	SSE	S	SSW	SW	WSW	W	WNW	NW	NNW	C
春季																	
夏季																	
秋季																	
冬季																	
年平均																	

2）风向玫瑰图

统计所收集的长期地面气象资料中，各风向出现的频率，静风频率单独统计。在极坐标中按各风向标出其频率的大小，绘制各季及年平均风向玫瑰图。

风向玫瑰图应同时附当地气象台站多年（20 年以上）气候资料的统计结果。

3）主导风向

主导风向指风频最大的风向角的范围。风向角范围一般为 22.5°～45°的夹角。

某区域的主导风向应有明显的优势，其主导风向角风频之和应≥30%，否则可称该区域没有主导风向或主导风向不明显。

在没有主导风向的地区，应考虑项目对全方位的环境空气敏感区的影响。

五、大气环境影响预测与评价

1．预测内容与步骤

（1）大气环境影响预测含义

大气环境影响预测用于判断项目建成后对评价范围内大气环境影响的程度和范围。

常用的大气环境影响预测方法是通过建立数学模型来模拟各种气象条件、地形条件下的污染物在大气中输送、扩散、转化和清除等物理、化学机制。

（2）大气环境影响预测的步骤

① 确定预测因子。

② 确定预测范围。

③ 确定计算点。

④ 确定污染源计算清单。

⑤ 确定气象条件。

⑥ 确定地形数据。

⑦ 确定预测内容和设定预测情景。

⑧ 选择预测模式。

⑨ 确定模式中的相关参数。

⑩ 进行大气环境影响预测与评价。

2．预测因子

预测因子应根据评价因子而定，选取有环境空气质量标准的评价因子作为预测因子。

3．预测范围

（1）预测范围应覆盖评价范围，同时还应考虑污染源的排放高度、评价范围的主导风向、地形和周围环境敏感区的位置等进行适当调整。

（2）计算污染源对评价范围的影响时，一般取东西向为 *X* 坐标轴、南北向为 *Y* 坐标轴，项目位于预测范围的中心区域。

4．计算点

（1）计算点可分三类：环境空气敏感区、预测范围内的网格点以及区域最大地面浓度点。

（2）应选择所有的环境空气敏感区中的环境空气保护目标作为计算点。

（3）预测网格点的分布应具有足够的分辨率以尽可能精确预测污染源对评价范围的最大影响，预测网格可以根据具体情况采用直角坐标网格或极坐标网格，并应覆盖整个评价范围。预测网格点设置方法见表 5.21。

表 5.21　预测网格点设置方法

<table>
<tr><th colspan="2">原则及预测网格位置</th><th>直角坐标网格</th><th>极坐标网格</th></tr>
<tr><td colspan="2">布点原则</td><td>网格等间距或
近密远疏法</td><td>径向等间距或距源中心
近密远疏法</td></tr>
<tr><td rowspan="2">网格距</td><td>预测网格点距离源中心
≤1 000 m</td><td>50～100 m</td><td>50～100 m</td></tr>
<tr><td>预测网格点距离源中心
>1 000 m</td><td>100～500 m</td><td>100～500 m</td></tr>
</table>

（4）区域最大地面浓度点的预测网格设置，应依据计算出的网格点浓度分布而定，在高浓度分布区，计算点间距应不大于 50 m。

（5）对于临近污染源的高层住宅楼，应适当考虑不同代表高度上的预测受体。

5. 污染源计算清单

污染源计算清单包括点源、面源、体源和线源源强计算清单，颗粒物计算清单。

6. 气象条件

（1）计算小时平均浓度需采用长期气象条件，进行逐时或逐次计算

选择污染最严重的（针对所有计算点）小时气象条件和对各环境空气保护目标影响最大的若干个小时气象条件（可视对各环境空气敏感区的影响程度而定）作为典型小时气象条件。

（2）计算日平均浓度需采用长期气象条件，进行逐日平均计算

选择污染最严重的（针对所有计算点）日气象条件和对各环境空气保护目标影响最大的若干个日气象条件（可视对各环境空气敏感区的影响程度而定）作为典型日气象条件。

7. 地形数据

（1）在非平坦的评价范围内，地形的起伏对污染物的传输、扩散会有一定的影响。对于复杂地形下的污染物扩散模拟需要输入地形数据。

（2）地形数据的来源应予以说明，地形数据的精度应结合评价范围及预测网格点的设置进行合理选择。

8. 确定预测内容和设定预测情景

（1）大气环境影响预测内容

1）一级评价项目预测内容

① 全年逐时或逐次小时气象条件下，环境空气保护目标、网格点处的地面浓度和评价范围内的最大地面小时浓度；

② 全年逐日气象条件下，环境空气保护目标、网格点处的地面浓度和评价范围内的最大地面日平均浓度；

③ 长期气象条件下，环境空气保护目标、网格点处的地面浓度和评价范围内的最大地面年平均浓度；

④ 非正常排放情况，全年逐时或逐次小时气象条件下，环境空气保护目标的最大地面小时浓度和评价范围内的最大地面小时浓度；

⑤ 对于施工期超过一年的项目，并且施工期排放的污染物影响较大，还应预测施工期间的大气环境质量。

2）二级评价项目预测内容

二级评价项目预测内容为一级评价项目的前四项内容。

3）三级评价项目

三级评价项目可不进行上述预测。

（2）预测情景预设

根据预测内容设定预测情景，一般考虑五个方面的内容：污染源类别、排放方案、预测因子、气象条件、计算点。

1）污染源类别

污染源类别分新增加污染源、削减污染源和被取代污染源及其他在建、拟建项目相关污染源。新增污染源分正常排放和非正常排放两种情况。

2）排放方案

排放方案分工程设计或可行性研究报告中现有排放方案和环境影响评价报告所提出的推荐排放方案，排放方案内容根据项目选址、污染源的排放方式以及污染控制措施等进行选择。

3）预测因子、气象条件、计算点

预测因子、气象条件、计算点三部分内容与前面所述内容相同。

常规预测情景组合见表 5.22。

表 5.22 常规预测情景组合

序号	污染源类别	排放方案	预测因子	计算点	常规预测内容
1	新增污染源（正常排放）	现有方案/推荐方案	所有预测因子	环境空气保护目标；网格点；区域最大地面浓度点	小时浓度；日平均浓度；年均浓度
2	新增污染源（非正常排放）	现有方案/推荐方案	主要预测因子	环境空气保护目标；区域最大地面浓度点	小时浓度
3	削减污染源（若有）	现有方案/推荐方案	主要预测因子	环境空气保护目标	日平均浓度；年平均浓度；
4	被取代污染源（若有）	现有方案/推荐方案	主要预测因子	环境空气保护目标	日平均浓度；年平均浓度
5	其他在建、拟建项目相关污染源（若有）	现有方案/推荐方案	主要预测因子	环境空气保护目标	日平均浓度；年平均浓度

9. 预测模式

采用推荐模式进行预测，并说明选择模式的理由。选择模式时，应结合模式的适用范围和对参数的要求进行合理选择。

10. 模式中的相关参数

在进行大气环境影响预测时，应对预测模式中的有关参数进行说明。

（1）化学转化

在计算 1 小时平均浓度时，可不考虑 SO_2 的转化；在计算日平均或更长时间平均浓度时，应考虑化学转化。SO_2 转化可取半衰期为 4 h。

对于一般的燃烧设备，在计算小时或日平均浓度时，可以假定 $NO_2/NO_x=0.9$；在计算年平均浓度时，可以假定 $NO_2/NO_x=0.75$。

在计算机动车排放 NO_2 和 NO_x 比例时，应根据不同车型的实际情况而定。

（2）重力沉降

在计算颗粒物浓度时，应考虑重力沉降的影响。

11. 大气环境影响预测分析与评价

（1）按设计的各种预测情景分别进行模拟计算。

（2）大气环境影响预测分析与评价的主要内容。

1）对环境空气敏感区的环境影响分析，应考虑其预测值和同点位处的现状背景值的最大值的叠加影响；对最大地面浓度点的环境影响分析可考虑预测值和所有现状背景值的平均值的叠加影响。

2）叠加现状背景值，分析项目建成后最终的区域环境质量状况，即：新增污染源预测值＋现状监测值－削减污染源计算值（如果有）－被取代污染源计算值（如果有）＝项目建成后最终的环境影响。若评价范围内还有其他在建项目、已批复环境影响评价文件的拟建项目，也应考虑其建成后对评价范围的共同影响。

3）分析典型小时气象条件下，项目对环境空气敏感区和评价范围的最大环境影响，分析是否超标、超标程度、超标位置，分析小时浓度超标概率和最大持续发生时间，并绘制评价范围内出现区域小时平均浓度最大值时所对应的浓度等值线分布图。

4）分析典型日气象条件下，项目对环境空气敏感区和评价范围的最大环境影响，分析是否超标、超标程度、超标位置，分析日平均浓度超标概率和最大持续发生时间，并绘制评价范围内出现区域日平均浓度最大值时所对应的浓度等值线分布图。

5）分析长期气象条件下，项目对环境空气敏感区和评价范围的环境影响，分析是否超标、超标程度、超标范围及位置，并绘制预测范围内的浓度等值线分布图。

6）分析评价不同排放方案对环境的影响，即从项目的选址、污染源的排放强度与排放方式、污染控制措施等方面评价排放方案的优劣，并针对存在的问题（如果有）提出解决方案。

7）对解决方案进行进一步预测和评价，并给出最终的推荐方案。

六、大气环境防护距离

1. 大气环境防护距离确定方法

（1）采用推荐模式中的大气环境防护距离模式计算各无组织源的大气环境防护距离，所计算出的距离是以污染源中心点为起点的控制距离，之后结合厂区平面布置图，确定控制距离范围，超出厂界以外的范围，即为项目大气环境防护区域。

（2）当无组织源排放多种污染物时，应分别计算，并按计算结果的最大值确定其大气环境防护距离。

（3）对于属于同一生产单元（生产区、车间或工段）的无组织排放源，应合并作为单一面源计算并确定其大气环境防护距离。

2. 大气环境防护距离参数选择

（1）采用相应的评价标准。

（2）有场界排放浓度标准的，大气环境影响预测结果应首先满足场界排放标准。如预测结果在场界监控点处（以标准规定为准）出现超标，应要求削减排放源强。计算大气环境防护距离的污染物排放源强应采用削减达标后的源强。

在大气环境防护距离内不应有长期居住的人群。

七、大气环境影响评价结论与建议

1. 项目选址及总图布置的合理性和可行性

根据大气环境影响预测结果及大气环境防护距离计算结果，评价项目选址及总图布置的合理性和可行性，并给出优化调整的建议及方案。

2. 污染源的排放强度与排放方式

根据大气环境影响预测结果，比较污染源的不同排放强度和排放方式（包括排气筒高度）对区域环境的影响，并给出优化调整的建议。

3．大气污染控制措施

大气污染控制措施必须保证污染源的排放符合排放标准的有关规定，同时最终环境影响也应符合环境功能区划要求。根据大气环境影响预测结果评价大气污染防治措施的可行性，并提出对项目实施环境监测的建议，给出大气污染控制措施及优化调整的建议及方案。

4．大气环境防护距离设置

根据大气环境防护距离计算结果，结合厂区平面布置图，确定项目大气环境防护区域。若大气环境防护区域内存在长期居住的人群，应给出相应的搬迁建议或优化调整项目布局的建议。

5．污染物排放总量控制指标的落实情况

评价项目完成后污染物排放总量控制指标能否满足环境管理的要求，并明确总量控制指标的来源。

6．大气环境影响评价结论

结合项目选址、污染源的排放强度与排放方式、大气污染控制措施以及总量控制等方面综合进行评价，明确给出大气环境影响可行性结论。

八、编制大气环境影响评价报告书附图表要求

1．基本附图要求

（1）污染源点位及环境空气敏感区分布图。包括评价范围底图、评价范围、项目污染源、评价范围内其他污染源、主要环境空气敏感区（环境空气保护目标）、地面气象台站、探空气象台站、环境监测点等。

（2）基本气象分析图。包括年、季风向玫瑰图等。

（3）常规气象资料分析图。包括年平均温度月变化曲线图、温廓线、平均风速的月变化曲线图和季小时平均风速的日变化曲线图、风廓线图等。

（4）复杂地形的地形示意图。

（5）污染物浓度等值线分布图。包括评价范围内出现区域浓度最大值（小时平均浓度及日平均浓度）时所对应的浓度等值线分布图，以及长期气象条件下的浓度等值线分布图。

不同评价等级基本附图要求见表 5.23。

表 5.23 基本附图要求

序号	名称	所属内容	一级评价	二级评价	三级评价
1	污染源点位及环境空气敏感区分布图	污染源调查	√	√	√
2	基本气象分析图	气象观测资料调查	√	√	√
3	常规气象资料分析图	气象观测资料调查	√	√	
4	复杂地形的地形示意图	大气环境影响预测与评价	√		
5	污染物浓度等值线分布图	大气环境影响预测与评价	√	√	

2. 基本附表要求

（1）采用估算模式计算结果表。见表 5.24。

表 5.24 估算模式计算结果（污染物 *i*）

距污染源中心下风向距离 *D*/m	污染源 1		污染源 2		污染源 *n*
	下风向预测浓度 C_{i1}/（mg/m^3）	浓度占标率 P_{i1}/%	下风向预测浓度 C_{i2}/（mg/m^3）	浓度占标率 P_{i2}/%	……
50					
75					
100					
……					
2 500					
下风向最大浓度					
浓度占标准 10%距污染源最远距离 $D_{10\%}$/m					

（2）污染源调查清单。污染源调查清单包括污染源周期性排放系数统计表、点源参数调查清单、矩形面源参数调查清单、多边形面源参数调查清单、近圆形面源调查清单、体源参数调查清单、线源参数调查清单、颗粒物粒径分布调查清单等。

（3）环境质量现状监测分析结果。

（4）常规气象资料分析表。常规气象资料分析表包括年平均温度的月变化、年平均风速的月变化、季小时平均风速的日变化、年均风频的月变化、年均风频的季变化及年均风频等。

（5）预测点环境影响预测结果与达标分析表。

不同评价等级基本附表要求见表 5.25。

表 5.25　基本附表要求

序号	名称	所属内容	一级评价	二级评价	三级评价
1	采用估算模式计算结果表	评价工作等级及评价范围确定	√	√	√
2	污染源调查清单	污染源调查	√	√	√
3	环境质量现状监测分析结果	环境空气质量现状调查与评价	√	√	√
4	常规气象资料分析表	气象观测资料调查	√	√	
5	环境影响预测结果达标分析表	大气环境影响预测与评价	√	√	

3．基本附件要求

（1）环境质量现状监测原始数据文件（电子版或文本复印件）。

（2）气象观测资料文件（电子版），并注明气象观测数据来源及气象观测站类别。

（3）预测模型所有输入文件及输出文件（电子版）。应包括：气象输入文件、地形输入文件、程序主控文件、预测浓度输出文件等。附件中应说明各文件意义及原始数据来源。

不同评价等级基本附件要求见表 5.26。

表 5.26　基本附件要求

序号	名称	所属内容	一级评价	二级评价	三级评价
1	环境质量现状监测原始数据文件	环境空气质量现状调查与评价	√	√	√
2	气象观测资料文件	气象观测资料调查	√	√	
3	预测模型所有输入文件及输出文件	大气环境影响预测与评价	√	√	

第四节 大气环境影响预测模式

大气环境影响预测模式的使用说明、技术文档可到环境保护部环境工程评估中心环境质量模拟重点实验室网站（http://www.lem.org.cn/）下载。

一、估算模式

1. 模式简介

估算模式适用于评价等级及评价范围的确定。

估算模式 SCREEN3 是一个单源高斯烟羽模式，用来预测连续源排放的污染物浓度，可计算点源、火炬源、面源和体源的最大地面浓度，以及建筑物下洗和岸边熏烟等特殊条件下的最大地面浓度。该模型与污染源和气象条件有关。假定污染物从污染源排放呈现烟羽形状，质量守恒，不发生化学变化、转移（干湿沉降）和损失。

估算模式中嵌入了多种预设的气象组合条件，包括一些最不利的气象条件，此类气象条件在某个地区有可能发生，也有可能不发生。所以经估算模式计算出的是某一污染源对环境空气质量的最大影响程度和影响范围的保守的计算结果。

SCREEN3 中包括不同的风速和稳定度的组合。在估算模式中有 3 种输入气象数据的方法。

第一种方法，是在大多数情形下的使用方法，使用“全气象参数”，包括 6 种稳定度（城市源 5 种）与所有的风速组合。这种情况下 SCREEN3 能够输出每一距离的最大浓度（1 h 取样时间内），同时给出最大浓度对应的距离。“全气象参数”替代手工输入 A、B、C、D、E 和 F 稳定度，SCREEN3 是把最大浓度作为距离的函数，稳定度 A、C、E 和 F 可能无法控制所有的距离。考虑建筑物下洗时，稳定度 A、C、E 和 F 就无法给出最大浓度。

第二种方法，输入单一的稳定度级别（1=A，2=B，3=C，4=d，5=E，6=F）。SCREEN3 测定每一单一稳定度的风速范围。这样用户可以确定每一过程的最大浓度。

第三种方法，是单独输入稳定度和风速。

后两种方法仅对于软件测试比较方便，针对特殊气象条件时比较有用。

经估算模式计算出的最大地面浓度一般大于进一步预测模式的计算结果。

2．估算模式所需参数及说明

（1）点源参数

包括点源排放速率（g/s）；排气筒（烟囱）几何高度（m）；排气筒（烟囱）出口内径（m）；排气筒（烟囱）出口处烟气排放速度（m/s）；排气筒（烟囱）出口处的烟气温度（K）。

（2）面源参数

包括面源排放速率[g/（s·m^2）]；排放高度（m）；长度（m）（矩形面源较长的一边），宽度（m）（矩形面源较短的一边）。

（3）体源参数

包括体源排放速率（g/s）；排放高度（m）；初始横向扩散参数（m），初始垂直扩散参数（m），体源初始扩散参数的估算见表 5.27。

表 5.27　体源初始扩散参数的估算

源的类型	初始横向扩散参数（σ_{y0}）	初始垂直扩散参数（σ_{z0}）
地面源（he≈0）	σ_{y0}=源的横向边长/4.3	σ_{z0}=源的高度/2.15
在建筑物上或邻近建筑物的源（he＞0）	σ_{y0}=源的横向边长/4.3	σ_{z0}=建筑物高度/2.15
有地形高度的源，但不在建筑物上或邻近建筑物的源（he＞0）	σ_{y0}=源的横向边长/4.3	σ_{z0}=源的高度/4.3

注：he 代表有效源高度，m。

（4）地形参数

如评价范围属复杂地形，需提供地形参数：主导风向下风向的计算点与源基底的相对高度（m）；主导风向下风向的计算点距源中心距离（m）。

（5）建筑物下洗参数

如周围建筑物可能导致建筑物下洗，需要提供建筑物参数：建筑物高度（m）；建筑物宽度（m）；建筑物长度（m）。

（6）岸边熏烟参数

如项目污染源位于海岸或宽阔水体岸边可能导致岸边熏烟，需提供参数：排放源到岸边的最近距离（m）。

（7）其他参数

其他参数包括计算点的离地高度（m）；风速计的测风高度（m）。

二、进一步预测模式

1．AERMOD 模式系统

AERMOD 适用于评价范围小于等于 50 km 的一级、二级评价项目。

AERMOD 是一个稳态烟羽扩散模式，可基于大气边界层数据特征模拟点源、面源、体源等排放出的污染物在短期（小时平均、日平均）、长期（年平均）的浓度分布，适用于农村或城市地区、简单或复杂地形。AERMOD 考虑了建筑物尾流的影响，即烟羽下洗。

该模式使用每小时连续预处理气象数据模拟大于等于 1 h 平均时间的浓度分布。

AERMOD 包括两个预处理模式，即 AERMET 气象预处理和 AERMAP 地形预处理模式。

2．ADMS 模式系统

ADMS-EIA 版适用于评价范围小于等于 50 km 的一级、二级评价项目。

ADMS 可模拟点源、面源、线源和体源等排放出的污染物在短期（小时平均、日平均）、长期（年平均）的浓度分布，还包括一个街道窄谷模型，适用于农村或城市地区、简单或复杂地形。

该模式考虑了建筑物下洗、湿沉降、重力沉降和干沉降以及化学反应等功能。

化学反应模块包括计算 NO、NO_2 和 O_3 等之间的反应。

ADMS 有气象预处理程序，可以用地面的常规观测资料、地表状况以及太阳辐射等参数模拟基本气象参数的廓线值。

在简单地形条件下，使用该模型模拟计算时，可以不调查高空观测资料。

3．CALPUFF 模式系统

CALPUFF 适用于评价范围大于等于 50 km 的一级评价项目，以及复杂风场下的一级、二级评价项目。

CALPUFF 是一个烟团扩散模型系统，可模拟三维流场随时间和空间发生变化时污染物的输送、转化和清除过程。

CALPUFF 适用于从 50 km 到几百公里范围内的模拟尺度，包括了近距离模拟的计算功能，如建筑物下洗、烟羽抬升、排气筒雨帽效应、部分烟羽穿透、次层网格尺度的地形和海陆的相互影响、地形的影响。

还包括长距离模拟的计算功能，如干、湿沉降的污染物清除、化学转化、垂直风切变效应、跨越水面的传输、熏烟效应以及颗粒物浓度对能见度的影响。

适合于特殊情况，如稳定状态下的持续静风、风向逆转、在传输和扩散过程中气象场时空发生变化下的模拟。

4．其他模式系统

如果使用的模式版本不同，应说明不同版本间的差异。

如果使用其他模式，需提供模式技术说明和验算结果。

三、大气环境防护距离计算模式

环境防护距离：为保护人群健康，在建设项目厂界以外所设置的环境防护区域。

大气环境防护距离：为保护人群健康，减少正常排放条件下大气污染物对居住区的环境影响，在污染源与居住区之间设置的环境防护区域。在大气环境防护距离内不应有长期居住的人群。

大气环境防护距离计算模式是基于估算模式开发的计算模式，主要用于确定无组织排放源的大气环境防护距离。

思考题

1. 如何确定大气环境影响评价工作等级？

2. 大气环境影响一级评价项目预测哪些内容？

3. 大气环境影响预测分析与评价的主要内容有哪些？

4. 简述大气环境防护距离确定方法。

5. 某城市一烟囱高 100 m，SO_2 排放量为 120 g/s。烟囱内径 2 m，烟囱出口处烟温 100℃，环境温度平均 25℃。烟气排放速度为 15 m/s。简单地形。不考虑地形、建筑物下洗、岸边熏烟情况。用估算模式计算最大地面浓度，最大地面浓度发生的距离。

第六章　地表水环境影响评价

第一节　概　述

一、水资源基本知识

1．地表水的特征

（1）水的由来

地球上的水来自彗星、地下矿物分解、植物和动物的演变。

（2）水量平衡

全球水量平衡情况见表 6.1。

表 6.1　全球水量平衡　　单位：km^3

区域	蒸发	降水	径流
内流区	9 000	9 000	—
外流区	63 000	110 000	−47 000
海洋	505 000	458 000	+47 000
总量	577 000	577 000	—

（3）水体和水环境

水体是指河流、湖泊、沼泽、水库、地下水、冰川、海洋的总称。水体不仅包括水，而且包括底质、水中溶解物、悬浮物、生物等。

水体环境是水体存在的客观环境系统。

水体一般具有下列现象：物理现象（如迁移、输送、沉积、渗透、扩散、蒸发、凝结、固化等)、化学现象(如各种化学反应)和生物作用(如光合作用、呼吸、吞食、分解、转化、迁移等)。

2. 水体的特征

(1)海洋

海水中溶有 80 多种化学元素，其中氯、钠、镁、硫、钙、钾、溴、碳、锶、氟占总量的 99.8%。海水的盐度是指海水中溶解物的总和，以‰表示，大洋表面平均盐度为 35‰，如辽东湾年平均 31.86‰，2 月为 32.07‰，8 月为 31.56‰。

大洋表层水温为 17.4℃，赤道平均 27℃，大约纬度每升高 1°，海水温度就会下降 0.3℃，到两极水温低于 0℃。海水随深度加大温度降低，每 1 000 m 下降 1～2℃，但在 300～400 m 处有一常温层，温度稳定在 2～3℃。

海洋上的波浪可分为风浪、涌浪和拍岸浪。风浪是因海风吹拂形成的浪，由于风能而使水做圆周运动。涌浪是当风停止后水由于惯性而做的运动，并且向远处传播，它能日行千里远渡重洋。拍岸浪是指到岸边由于海水变浅，波浪底部受海浪摩擦，波长缩短而上部惯性作用，继续以原速前进，结果波峰掠过波谷向海岸拍击形成拍岸波。

潮汐是由于月亮和太阳引力而形成的潮力作用于海水的结果，分全日潮、半日潮和混合潮。辽东湾为不规则半日潮，高潮时潮差 1.5 m。

洋流有风海流、密度流、倾斜流，流经我国东海的黑潮就是其一，宽约 160 km，深约 400 m，平均日流速 30～80 海里，约等于全世界江河总流量的 20 倍。

(2)河流

地表水在重力的作用下沿陆地表面上的线形凹地流动形成河流。流域就是每条河流的集水面，而流域之间的分界叫分水岭。

河水全来自雨水，只是有的直接来自雨水，有的是通过冰雪融水和地下水补给。河水沿河槽下泄的水流称为径流，径流的测量可以通过水文站测法进行，也可以通过分段积分法、水位测定法等测量。

(3)湖泊

全世界湖泊面积 250 万 km^2，占陆地面积的 1.8%。

按湖泊的形成原因可以分为构造湖(如青海湖)、火山口湖(如天池)、阻塞湖(如镜泊湖)、河成湖、风成湖(如月牙湖)、冰成湖、流蚀湖、潟湖等。

湖泊的形成需要四个条件，其一地形须是盆地，其二四周应有河流汇入水，其三底层不透水，其四流入水要大于支出水，或者至少要收支平衡。

近年来，湖泊的环境问题不断出现，表现为湖泊一开始是贫营养湖，流入氮、磷等营养物质后逐渐变成富营养湖，随着富营养化的加剧，湖泊再逐渐演变成沼泽或干地。

（4）地下水

地下水是埋藏在土壤、岩石中的各种类型的水，占地球水总量的4.1%。地下水水量稳定，水质不易受到污染。地下水主要是大气降水、河水径流渗入和水气的凝结，也有一些沉积水，岩浆分离出的初生水等。

3. 水资源与水体污染

全球现有水量145 432万km^3（14.5亿km^3），而94.2%存于海中，大气中只占0.001%，陆地上占5.8%。陆地上的淡水85%在冰山和冰川中，淡水资源主要是河流、湖泊及浅层地下水，实际上只有9 000万km^3。

我国人均拥水量0.267万m^3/人，世界平均1.08万m^3/人。我国耕地用水0.13万m^3/亩，世界0.24万m^3/亩。

我国地表水的利用率，长江为16%，珠江为15%，西南诸河小于1%，辽河为68%，黄河为39%。

海水目前的盐度是35‰，而在数亿年前地球上出现原始生命时没有这样高的盐度，现在的海水中的各种元素多半是由大陆河流带入的。各种元素入海后水分蒸发、水气迁移、大陆降水、岩石溶解始自海洋，再蒸发……如此反复就一点一滴地将大陆的盐分输到海洋。同样一些我们认为有害的物质也是如此往复的输到海洋中去的，如渤海黄河口的高砷区，就是黄河将黄土高原土壤中的三价砷经数万年的输送而形成的。

二、地表水环境影响评价的工作程序

地表水环境影响评价工作大体分为三个阶段（图6.1）。第一阶段为准备阶段，主要工作为研究有关文件，进行初步的工程分析和环境现状调查，筛选重点评价项目，确定各单项环境影响评价的工作等级，编制评价大纲；第二阶段为下步工作准备阶段，其主要工作为进一步做工程分析和环境现状调查，并进行环境影响预测和环境影响评价；第三阶段为报告书编制阶段，其主要工作为汇总、分析第二阶段工作所得到的各种资料、数据，给出结论，完成环境影响报告书的编制。

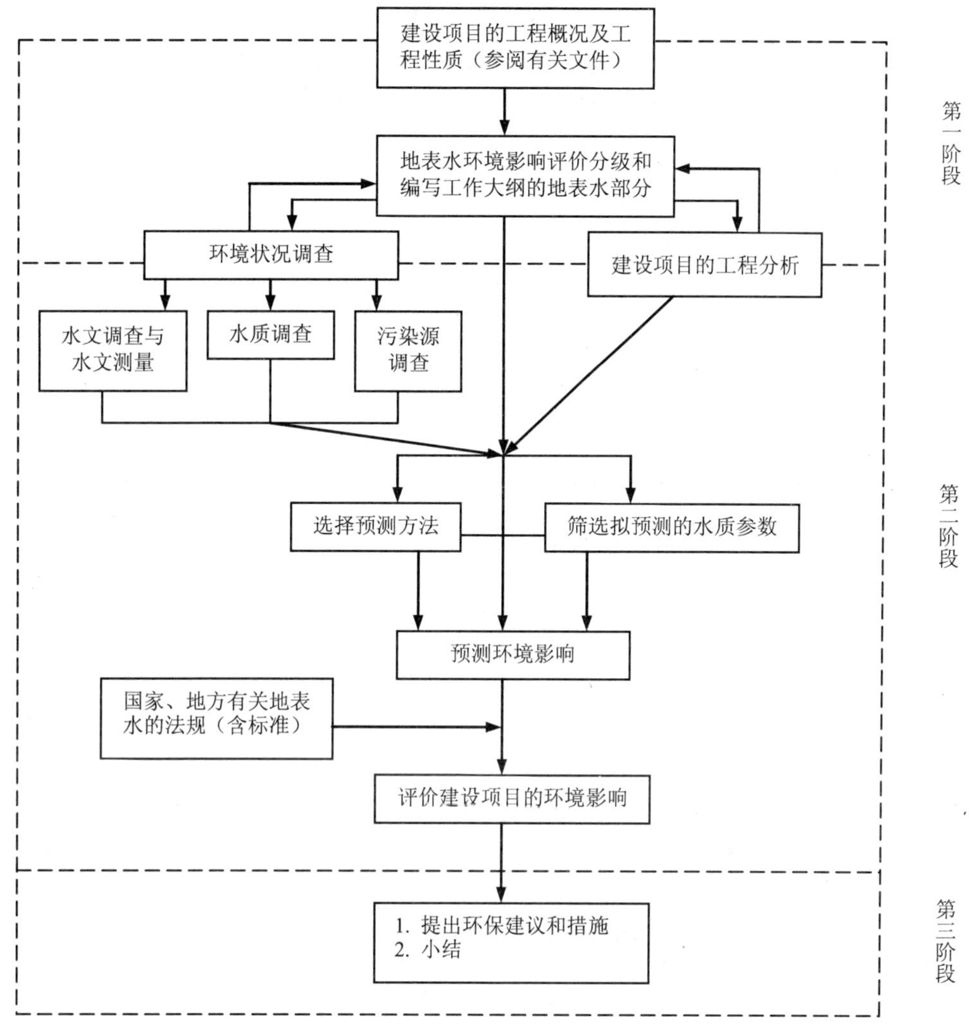

图 6.1　地表水环境影响评价的工作程序

三、环境现状调查

1. 环境现状调查范围

环境现状的调查范围，应能包括建设项目对周围地表水环境影响较显著的区域。在此区域内进行的调查，能全面说明与地表水环境相联系的环境基本状况，并能充分满足环境影响预测的要求。

在确定某项具体工程的地表水环境调查范围时，应尽量按照将来污染物排放后可能的达标范围（表 6.2、表 6.3 和表 6.4），并考虑评价等级的高低（评价等级高时可取调查范围略大，反之可略小）后决定。

表 6.2 不同污水排放量时河流环境现状调查范围（排污口下游应调查的河段长度）

污水排放量/（m^3/d）	调查范围/km		
	大 河	中 河	小 河
＞50 000	15～30	20～40	30～50
50 000～20 000	10～20	15～30	25～40
20 000～10 000	5～10	10～20	15～30
10 000～50 000	2～5	5～10	10～25
＜5 000	＜3	＜5	5～15

表 6.3 不同污水排放量时湖泊（水库）环境现状调查范围*

污水排放量/（m^3/d）	调查范围	
	调查半径/km	调查面积（按半圆计算）/km^2
＞50 000	4.0～7.0	25.0～80.0
50 000～20 000	2.5～4.0	10.0～25.0
20 000～10 000	1.5～2.5	3.5～10.0
10 000～5 000	1.0～1.5	2.0～3.5
＜5 000	≤1.0	≤2.0

注：*为以排污口为圆心，以调查半径为半径的半圆形面积。

表 6.4 不同污水排放量时海湾环境现状调查范围*

污水排放量/（m^3/d）	调查范围	
	调查半径/km	调查面积（按半圆计算）/km^2
＞50 000	5.0～8.0	40.0～100.0
50 000～20 000	3.0～5.0	15.0～40.0
20 000～10 000	1.5～3.0	3.5～15.0
＜5 000	≤1.5	≤3.5

注：*为以排污口为圆心，以调查半径为半径的半圆形面积。

2．环境现状的调查时间

根据当地的水文资料初步确定河流、河口、湖泊、水库的丰水期、平水期和枯水期，同时确定最能代表这三个时期的季节或月份。对于海湾，应确定评价期间的大潮期和小潮期。

评价等级不同，对各类水域调查时期的要求也不同。表 6.5 列出了在不同评价等级时各类水域的水质调查时期。

表 6.5　各类水域在不同评价等级时水质的调查时期

水域	一级	二级	三级
河流	一般情况，为一个水文年的丰水期、平水期和枯水期；若评价时间不够，至少应调查平水期和枯水期	条件许可，可调查一个水文年的丰水期、平水期和枯水期；一般情况，可只调查枯水期和平水期；若评价时间不够，可只调查枯水期	一般情况，可只在枯水期调查
河口	一般情况，为一个潮汐年的丰水期、平水期和枯水期；若评价时间不够，至少应调查平水期和枯水期	一般情况，应调查平水期和枯水期；若评价时间不够，可只调查枯水期	一般情况，可只在枯水期调查
湖泊（水库）	一般情况，为一个水文年的丰水期、平水期和枯水期；若评价时间不够，至少应调查平水期和枯水期	一般情况，应调查平水期和枯水期；若评价时间不够，可只调查枯水期	一般情况，可只在枯水期调查
海湾	一般情况，应调查评价工作期间的大潮期和小潮期	一般情况，应调查评价工作期间的大潮期和小潮期	一般情况，应调查评价工作期间的大潮期和小潮期

当调查区域面源污染严重，丰水期水质劣于枯水期时，一、二级评价的各类水域应调查丰水期，若时间允许，三级评价也应调查丰水期。

对于冰封期较长的水域，且作为生活饮用水、食品加工用水的水源或渔业用水，应调查冰封期的水质、水文情况。

3．水文调查与水文测量

在进行这项工作时应尽量向有关的水文测量和水质监测等部门收集现有资料，当上述资料不足时，应进行一定的水文调查与水质调查。

一般情况，水文调查与水文测量在枯水期进行，必要时其他时期（丰水期、平水期、冰封期等）可进行补充调查。

水文测量的内容与拟采用的环境影响预测方法密切相关，与水质调查同时进行，原则上只在一个时期内进行。

河流水文调查与水文测量的内容应根据评价等级、河流的规模决定，其中主要有：丰水期、平水期、枯水期的划分，河流平直及弯曲情况、坡度、水位、水深、河宽、流量、流速及其分布、水温、糙率及泥沙含量等，北方河流还应了解浮冰、封冰、解冻等现象。

感潮河口的水文调查与水文测量的内容应根据评价等级、河流的规模决定，其中除与河流相同的内容外，还包括感潮河段的范围，涨潮、落潮及平潮时的水位、水深、流向、流速及其分布、水面坡度以及潮间隙、潮差和历时等。

湖泊、水库水文调查与水文测量的内容应根据评价等级、湖泊和水库的规模决定，其中主要包括湖泊水库的面积和形状（附平面图），丰水期、平水期、枯水期的划分，流入和流出的水量，停留时间，水量的调度和贮量，湖泊和水库的水深，水温分层情况及水流状况等。

海湾水文调查与水文测量的内容应根据评价等级及海湾的特点选择下列全部或部分内容：海岸形状，海底地形，潮位及水深变化，潮流状况，流入的河水流量，盐度和温度造成的分层情况，水温、波浪的情况以及内海水与外海水的交换周期等。

4．现有污染源调查

在调查范围内对给地表水环境产生影响的主要污染源进行调查。按照点污染源和非点污染源（非点源或面源）分别进行调查。

点源主要以搜集现有资料为主，十分必要时补充现场调查和现场测试。一般可以根据评价工作需要选择以下全部或部分内容进行调查。调查点源的排放情况，包括排放口的平面位置及排放方向，排放口在断面上的位置、排放形式等；调查排放数据，包括现有的排放量、排放速度、排放浓度及变化等；调查用排水状况，包括取水量、用水量、循环水量及排水总量等；调查厂矿企业、事业单位的废、污水处理状况，包括废污水的处理设备、处理效率、处理水量及事故状况等。

非点源主要调查项目的基本概况，包括原料、燃料、废料、废弃物的堆放位置、堆放面积、堆放形式等内容；调查排放方式、排放去向与处理情况，说明非点源污染物是有组织的汇集还是无组织的漫流，是集中后直接排放还是处理后排放，是单独排放还是与生产废水或生活污水共同排放等；调查排放数据，包括引起非点源污染的原料、燃料、废料、废弃物的物理、化学、生物化学性质、选定调查的主要水质参数等数据。

5. 水质调查

（1）水质参数调查

水质调查时应尽量用现有数据资料，如资料不足时再进行实测。

水质调查时所选择的水质参数包括两类：一类是常规水质参数（GB 3838 中所提出的 pH、溶解氧、高锰酸盐指数、五日生化需氧量、凯氏氮或非离子氨、酚、氰化物、砷、汞、六价铬、总磷以及水温），它能反映水域水质一般状况；另一类是特征水质参数，它能代表建设项目将来排放的水质，要根据建设项目特点、水域类别及评价等级选定，表 6.6 是按行业编制的特征水质参数表，选择时可根据实际情况适当删减。

表 6.6　特征水质参数表

序号	建设项目		水质参数
1	生活区及生活娱乐设施		BOD_5、COD、pH、悬浮物、氨氮、磷酸盐、表面活性剂、水温、溶解氧
2	城市及城市扩建		BOD_5、COD、溶解氧、pH、悬浮物、氨氮、磷酸盐、表面活性剂、水温、油、重金属
3	黑色金属矿山		pH、悬浮物、硫化物、氟化物、挥发性酚、氰化物、石油类、氟化物
4	黑色冶炼、有色金属矿山及冶炼		pH、悬浮物、COD、硫化物、氟化物、挥发性酚、氰化物、石油类、铜、锌、铅、砷、镉、汞
5	火力发电、热电		pH、悬浮物、硫化物、挥发性酚、砷、水温、铅、镉、铜、石油类、氟化物
6	焦化及煤制气		COD、BOD_5、水温、悬浮物、硫化物、挥发性酚、氰化物、石油类、氨氮、苯类、多环芳烃、砷、溶解氧、B[*a*]P
7	煤矿		pH、COD、BOD_5、溶解氧、水温、砷、悬浮物、硫化物
8	石油开发与炼制		pH、COD、BOD_5、溶解氧、悬浮物、硫化物、水温、挥发性酚、氰化物、石油类、苯类、多环芳烃
9	化学矿开采	硫铁矿	pH、悬浮物、硫化物、铜、铅、锌、镉、汞、砷、六价铬
		磷矿	pH、悬浮物、氟化物、硫化物、砷、铅、磷
		萤石矿	pH、悬浮物、氟化物
		汞矿	pH、悬浮物、氟化物、砷、汞
		雄黄矿	pH、悬浮物、硫化物、砷
10	无机原料	硫酸	pH（或酸度）、悬浮物、硫化物、氟化物、铜、铅、锌、砷
		氯碱	pH（或酸、碱度）、COD、悬浮物、汞
		铬盐	pH（或酸度）、总铬、六价铬

序号	建设项目	水质参数
11	化肥、农药	pH、COD、BOD_5、水温、悬浮物、硫化物、氟化物、挥发性酚、氰化物、砷、氨氮、磷酸盐、有机氯、有机磷
12	食品工业	COD、BOD_5、悬浮物、pH、溶解氧、挥发性酚、大肠杆菌数
13	染料、颜料及油漆	pH（或酸、碱度）、COD、BOD_5、悬浮物、挥发性酚、硫化物、氰化物、砷、铅、镉、锌、汞、六价铬、石油类、苯胺类、苯类、硝基苯类、水温
14	制药	pH（或酸、碱度）、COD、BOD_5、悬浮物、石油类、硝基苯类、硝基酚类、水温
15	橡胶、塑料及化纤	pH（或酸、碱度）、COD、BOD_5、水温、石油类、硫化物、氰化物、砷、铜、铅、锌、汞、六价铬、悬浮物、苯类、有机氯、多环芳烃、B[*a*]P
16	有机原料、合成脂、酸及其他有机化工	pH（或酸、碱度）COD、BOD_5、悬浮物、挥发性酚、氰化物、苯类、硝基苯类、有机氯、石油类、锰、油脂类、硫化物
17	机械制造及电镀	pH（或酸度）、COD、BOD_5、悬浮物、挥发性酚、石油类、氰化物、六价铬、铅、铁、铜、锌、镍、镉、锡、汞
18	水泥	pH、悬浮物
19	纺织、印染	pH、COD、BOD_5、悬浮物、水温、挥发性酚、硫化物、苯胺类、色度、六价铬
20	造纸	pH（或碱度）、COD、BOD_5、悬浮物水温、挥发性酚、硫化物、铅、汞、木质素、色度
21	玻璃、玻璃纤维及陶瓷制品	pH、COD、悬浮物、水温、挥发性酚、氰化物、砷、铅、镉
22	电子、仪器、仪表	pH（或酸度）、COD、BOD_5、水温、苯类、氰化物、六价铬、铜、锌、镍、镉、铅、汞
23	人造板、木材加工	pH（或酸、碱度）、COD、BOD_5、悬浮物、水温、挥发性酚、木质素
24	皮革及皮革加工	pH、COD、BOD_5、水温、悬浮物、硫化物、氯化物、总铬、六价铬、色度
25	肉食加工、发酵、酿造、味精	pH、BOD_5、COD、悬浮物、水温、氨氮、磷酸盐、大肠杆菌数、含盐量
26	制糖	pH（或碱度）、COD、BOD_5、悬浮物、水温、硫化物、大肠杆菌数
27	合成洗涤剂	pH、COD、BOD_5、油、苯类、表面活性剂、悬浮物、水温、溶解氧

（2）河流布设水质取样点的方法

取样断面：当项目污水受纳水体是河流时，要在调查范围的两端布设取样断面，调查范围内重点保护水域、重点保护对象附近水域应布设取样断面，水文特征突然变化处、水质急剧变化处、重点水工构筑物附近、水文站附近等应布设取样断面。在拟建排污口上游 500 m 处应设置一个取样断面。

取样垂线的确定：当河流断面开头为矩形或相近于矩形时，对于小河，在取样断面的主流线上设一条取样垂线。对于大河、中河，河宽小于 50 m 者，在取样断面上各距岸边 1/3 水面宽处，设一条取样垂线，共设两条取样垂线；河宽大于 50 m 者，在取样断面的主流线上及距两岸不少于 0.5 m，并有明显水流的地方，各设一条取样垂线，即共设三条取样垂线。对于特大河，如长江、黄河、淮河、海河等，由于河流过宽，取样断面上的取样垂线数应适当增加，而且主流线两侧的垂线数目不必相等。如断面形状十分不规则时，应结合主流线的位置，适当调整取样垂线的位置和数目。

垂线上取样水深的确定：在一条垂线上，水深大于 5 m 时，在水面下 0.5 m 水深处及在距河底 0.5 m 处，各取样一个；水深为 1～5 m 时，只在水面下 0.5 m 处取一个样；在水深不足 1 m 时，取样点距水面不应小于 0.3 m，距河底也不应小于 0.3 m。对于三级评价的小河不论河水深浅，只在一条垂线上一个点取一个样，一般情况下取样点应在水面下 0.5 m 处，距河底不应小于 0.3 m。

水样的对待：二级和三级评价，需要预测混合过程段水质的场合，每次应将该段内各取样断面中每条垂线上的水样混合成一个水样。其他情况每个取样断面每次只取一个混合水样，即在该断面上，各处所取的水样混匀成一个水样。一级评价，每个取样点的水样均应分析，不取混合样。

（3）湖泊和水库布设水质取样点的方法

对于在湖泊、水库中取样位置的布设原则上应尽量覆盖整个调查范围，并且能切实反映湖泊、水库的水质和水文特点（如进水区、出水区、深水区、浅水区、岸边区等）；取样位置可以采用以建设项目的排放口为中心，沿放射线布设的方法。

针对大、中型湖泊与水库，当建设项目污水排放量小于 50 000 m^3/d 时，一级评价，每 1～2.5 km^2 布设一个取样位置；二级评价，每 1.5～3.5 km^2 布设一个取样位置；三级评价，每 2～4 km^2 布设一个取样位置。当建设项目污水排放量大于 50 000 m^3/d 时，一级评价，每 3～6 km^2 布设一个取样位置；二级、三级评价，每 4～7 km^2 布设一个取样位置。

针对小型湖泊、水库，当建设项目污水排放量大于 50 000 m^3/d 时，一级评价，每 0.5～1.5 km^2 布设一个取样位置；二级、三级评价，每 1～2 km^2 布设一个取样位置。当建设项目污水排放量小于 50 000 m^3/d 时，各级评价均为 0.5～1.5 km^2 布设一个取样位置。

取样位置上取样点的确定，也和湖泊、水库的规模有关。

大、中型湖泊与水库：当平均水深小于 10 m 时，取样点设在水面下 0.5 m 处，但距湖库底不应小于 0.5 m。当平均水深大于等于 10 m 时，首先要根据现有资料查明有无温度分层现象。找到斜温层后，在水面下 0.5 m 及斜温层以下，距湖库底 0.5 m 以上处各取一个水样。

小型湖泊与水库：当平均水深小于 10 m 时，在水面下 0.5 m，并距湖库底不小于 0.5 m 处设一取样点；当平均水深大于等于 10 m 时，在水面下 0.5 m 处和水深 10 m，并距湖库底不小于 0.5 m 处各设一取样点。

水样的对待情况：小型湖泊与水库，当水深小于 10 m 时，每个取样位置取一个水样；当水深大于等于 10 m 时则一般只取一个混合样，在上下层水质差距较大时，可不进行混合。大、中型湖泊、水库，各取样位置上不同深度的水样均不混合。

（4）海湾布设水质取样点的方法

在海湾中布设取样位置时，应尽量覆盖整个调查范围，并且切实反映海湾的水质和水文特点。取样位置可以采用以建设项目的排放口为中心，沿放射性布设的方法或网格布点的方法。

当建设项目污水排放量小于 50 000 m^3/d 时，一级评价，每 1.5～3.5 km^2 布设一个取样位置；二级评价，每 2～4.5 km^2 布设一个取样位置；三级评价，每 3～5.5 km^2 布设一个取样位置。当建设项目污水排放量大于 50 000 m^3/d 时，一级评价，每 4～7 km^2 布设一个取样位置；二级、三级评价，每 5～8 km^2 布设一个取样位置。

取样位置上取样点的确定：一般情况，在水深小于等于 10 m 时，只在海面下 0.5 m 处取一个水样，此点距海底不应小于 0.5 m。在水深大于 10 m 时，在海面下 0.5 m 处和水深 10 m，并距海底不小于 0.5 m 处分别设取样点。

水样的对待情况：每个取样位置一般只取一个水样，即在水深大于 10 m 时，将两个水深所取的水样混合成一个水样，在上下层水质差距较大时，可不进行混合。

（5）水质调查取样的次数

不同评价等级、各类水域每个水质调查时期取样的次数和每次取样的天数有一定的规定。

对于河流：在不同规模河流、不同评价等级的调查时期中，每期调查一次，每次调查三四天；至少有一天对所有已选定的水质参数取样分析，其他天数根据预测需要，配合水文测量对拟预测的水质参数取样；在不预测水温时，只在采样时测水温；在预测水温时，要测日平均水温，一般可采用每隔 6 h 一次的方法求平均水温；一般情况，每天每个水质参数只取一个样，在水质变化很大时，应采用每间隔一定时间采样一次的方法。

对于湖泊、水库：在不同规模湖泊、不同评价等级的调查时期中，每期调查一次，每次调查三四天；至少有一天对所有已选定的水质参数取样分析，其他天数根据预测需要，配合水文测量对拟预测的水质参数取样；表层溶解氧和水温每隔 6 h 测一次，并在调查期内适当检测藻类。

对于海湾：不同评价等级的海湾调查时期中，每期调查一次，每次调查三四天；至少有一天在大潮期，另一天在小潮期，对所有已选定的水质参数取样分析，其他天数根据预测需要，配合水文测量对拟预测的水质参数取样；所有的水质参数每天在高潮和低潮时各取样一次；在不预测水温时，只在采样时测水温；在预测水温时，每间隔 2～4 h 测水温一次。

6．水域功能的调查

水利用状况是地表水环境影响评价的基础资料，一般由环境保护部门规定。调查的目的是核对与补充这个规定，若还没有规定则应通过调查明确之，并报环境保护部门认可。调查的方法以间接为主，并辅以必要的实地勘测。

调查的内容，可根据需要选择下述全部或部分内容：城市、工业、农业、渔业、水产养殖业等各类的用水情况，以及各类用水的供需关系、水质要求和渔业、水产养殖业等所需的水面面积等。

四、地表水环境现状评价

现状评价是水质调查的继续。评价水质现状主要是利用文字分析与描述并辅之以数学表达式来进行。在文字分析与描述中，有时可采用检出率、超标率等统计值。

评价的基本依据是地表水环境质量标准和有关法规及当地的环保要求。

五、地表水环境影响预测

地表水环境预测范围与地表水环境现状调查的范围相同或略小，在预测范围内布设适当的预测点，通过预测这些点所受的环境影响来全面反映建设项目对该范围内地表水环境的影响。

建设项目实施过程各阶段拟预测的水质参数应根据工程分析和环境现状、评价等级、当地的环保要求筛选和确定。

在水环境影响预测过程中，可以对地表水环境和污染源进行简化。

1. 河流简化

河流可以简化为矩形平直河流、矩形弯曲河流和非矩形河流。

河流的断面宽深比≥20 时，可视为矩形河流。

大中河流中，预测河段弯曲较大（如其最大弯曲系数＞1.3）时，可视为弯曲河流，否则可以简化为平直河流。

小河可以简化为矩形平直河流。

2. 河口简化

河口包括河流感潮段，河流汇合部，口外滨海段，河流与湖泊、水库汇合部。

河流感潮段是指受潮汐作用影响较明显的河段。可以将落潮时最大断面平均流速与涨潮时最小断面平均流速之差等于 0.05 m/s 的断面作为其与河流的界限。河流感潮段一般可按潮周平均、高潮平均和低潮平均三种情况，简化为稳态进行预测。

河流汇合部可以分为支流、汇合前主流、汇合后主流三段分别进行环境影响预测。小河汇入大河时可以把小河看成点源。

河流与湖泊、水库汇合部可以按照河流和湖泊、水库两部分分别预测其环境影响。

3. 湖泊、水库简化

在预测湖泊、水库环境影响时，可以将湖泊、水库简化为大湖（库）、小湖（库）、分层湖（库）等三种情况进行。

4. 海湾简化

预测海湾水质时一般只考虑潮汐作用，不考虑波浪作用。

5. 污染源简化

污染源简化包括排放形式的简化和排放规律的简化。根据污染源的具体情况，排放形式可简化为点源和面源，排放规律可简化为连续恒定排放和非连续恒定排放。

在地表水环境影响预测中，通常可以把排放规律简化为连续恒定排放。

第二节　水质预测模式

水质预测模式从不同的角度考虑分类也不同，如从管理使用角度可以划分为河流模式、河口模式、湖泊模式、海洋模式，从水质组分可以划分为单组分模式、耦合模式、生态综合模式，从系统状态可以划分为动态模式、静态模式，从空间可以划分为零维、一维、二维、三维模式，从研究对象可以划分为水质模式、pH模式、温度模式、水土流失模式等。

在环境影响评价中经常遇到而其预测模式又不相同的四种污染物，即：持久性污染物、非持久性污染物、酸碱污染物和废热。

持久性污染物是指在地表水中很难由于物理、化学、生物作用而分解、沉淀或挥发的污染物，例如在悬浮物甚少，沉降作用不明显水体中的无机盐类、重金属等，可以通过生化需氧量与化学需氧量比值来判定，BOD/COD≤0.3，判别其为持久性污染物。

非持久性污染物是指在地表水中由于生物作用而逐渐减少的污染物，例如耗氧有机物，BOD/COD＞0.3 则判别其为非持久性污染物。

酸碱污染物指各种废酸、废碱等，表征酸碱污染物的水质参数是 pH 值。

废热主要由排放热废水所引起，表征废热的水质参数是水温。

以河流污染为例说明水体污染的过程，如是一次污染物，污染物进入水体后逐步扩展与河水混合而后到全河段，到全河段后继续混合逐步达到均匀。

预测范围内的河段可以分为充分混合段、混合过程段和上游河段。充分混合段是指污染物浓度在断面上均匀分布的河段，当断面上任意一点的浓度与断面平均浓度之差小于平均浓度的 5%时，可以认为达到均匀分布；混合过程段是指排放口下游达到充分混合以前的河段；上游河段是排放口上游的河段。

混合过程段的长度可由下式估算：

$$L=\frac{(0.4B-0.6a)Bu}{(0.058H+0.0065B)(gHI)^{\frac{1}{2}}} \tag{6.1}$$

式中：L—— 混合过程的长度，m；

B—— 河流的宽度，m；

a—— 排放口到岸边的距离，m；

H—— 河流的深度，m；

u—— 流速，m/s；

g—— 重力加速度，m/s^2；

I—— 河流的坡度，m/m。

【例题】

已知某河宽 1 000 m，河深 20 m，河水流速 0.5 m/s，河水坡度 0.5‰，一工厂在岸边排放造纸废水，问完全混合段的长度为多少公里?

$$\begin{aligned}L&=\frac{(0.4B-0.6a)Bu}{(0.058H+0.0065B)(gHI)^{\frac{1}{2}}}\\&=\frac{(0.4\times1000)\times1000\times0.5}{(0.058\times20+0.0065\times1000)(9.8\times20\times0.0005)^{\frac{1}{2}}}\\&=\frac{200000}{7.66\times0.31305}\\&=83404\text{ m}\\&=83.4\text{ km}\end{aligned}$$

在地表水环境影响评价中，采用数学模式进行预测的工作程序见图 6.2。

运用数学模式时的坐标系以排放点为原点，Z 轴铅直向上，X 轴、Y 轴为水平方向，X 方向与主流方向一致，Y 方向与主流垂直。

污染物流在河中的运动可以分为平流、湍流和湍流弥散。平流是指污水流在平直河段呈平直线性流动，也称滞流，属于分子扩散，分子扩散系数 D_m 为 10^{-9}～10^{-8} m^2/s；湍流是指污水流在平直河流呈弯曲线流动，包括湍流扩散和湍流弥散，其中湍流扩散系数 D_t 为 0.01～0.1 m^2/s，湍流弥散系数 D_d 为 10～100 m^2/s。

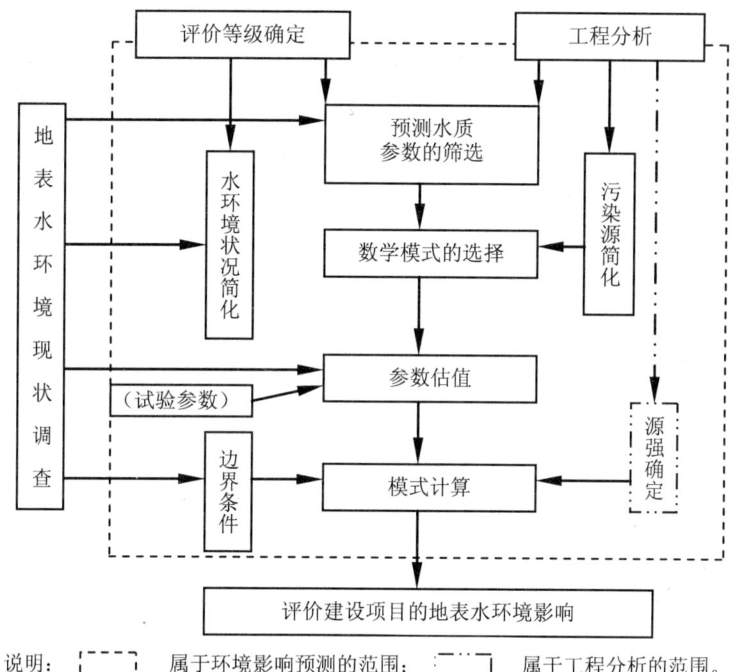

图 6.2　采用数学模式法预测地表水环境影响的工作程序

下面就从管理使用角度介绍水质预测常用的河流模式、河口模式、湖泊模式和海洋模式。

一、河流常用预测模式

1．持久性污染物

（1）充分混合段（河流完全混合模式）

$$c=\frac{c_{\mathrm{p}}Q_{\mathrm{p}}+c_{\mathrm{h}}Q_{\mathrm{h}}}{Q_{\mathrm{p}}+Q_{\mathrm{h}}} \tag{6.2}$$

式中：c —— 预测浓度，mg/L；

c_{p} —— 污染物排放浓度，mg/L；

Q_{p} —— 污水排放量，m^3/s；

C_{h} —— 上游河水污染物浓度，mg/L；

Q_{h} —— 上游河水来水流量，m^3/s。

【例题】

某一个建设项目，建成投产以后废水排放量为 2.5 m^3/s，废水中含 Pb 为 1 000 mg/L，废水排入一条河流中，河水的流量为 100 m^3/s，该河上游含 Pb 的浓度为 300 mg/L，问废水排入河水中后，其污染程度如何？

解：按完全混合模式计算

$$c = \frac{c_{\mathrm{p}}Q_{\mathrm{p}} + c_{\mathrm{h}}Q_{\mathrm{h}}}{Q_{\mathrm{p}} + Q_{\mathrm{h}}} = \frac{1000 \times 2.5 + 300 \times 100}{2.5 + 100} = 317\ \mathrm{mg/L}$$

（2）平直河流混合过程段

1）二维稳态混合模式

① 岸边排放。

$$c(x,y) = c_{\mathrm{h}} + \frac{c_{\mathrm{p}}Q_{\mathrm{p}}}{H\sqrt{\pi M_y x u}}\left\{\exp\left(-\frac{uy^2}{4M_y x}\right) + \exp\left[-\frac{u(2B-y)^2}{4M_y x}\right]\right\} \tag{6.3}$$

② 非岸边排放。

$$c(x,y) = c_{\mathrm{h}} + \frac{c_{\mathrm{p}}Q_{\mathrm{p}}}{2H\sqrt{\pi M_y x u}}\left\{\exp\left(-\frac{uy^2}{4M_y x}\right) + \exp\left[-\frac{u(2a+y)^2}{4M_y x}\right] + \exp\left[-\frac{u(2B-2a-y)^2}{4M_y x}\right]\right\} \tag{6.4}$$

式中：c —— 预测浓度，mg/L；

c_{p} —— 污染物排放浓度，mg/L；

H —— 河水深度，m；

Q_{p} —— 污水排放量，m^3/s；

c_{h} —— 上游河水污染物浓度，mg/L；

Q_{h} —— 上游河水来水流量，m^3/s；

u —— x 方向流速（表示河流中断面平均流速），m/s；

M_y —— 横向混合系数，m^2/s；

a —— 排放口到岸边的距离，m；

B —— 河流宽度，m。

2）弗罗模式

$$c_N = \frac{c_{\mathrm{p}}}{N} + \frac{N-1}{N}c_{\mathrm{h}} \tag{6.5}$$

式中：N—— 稀释倍数，$N=\dfrac{\gamma Q_{\mathrm{h}}+Q_{\mathrm{p}}}{Q_{\mathrm{p}}}$。

其中，γ—— 稀释比（混合系数），$\gamma=\dfrac{1-\exp\left(-\beta x^{\frac{1}{3}}\right)}{1+\dfrac{Q_{\mathrm{h}}}{Q_{\mathrm{p}}}\exp\left(-\beta x^{\frac{1}{3}}\right)}$；

β—— 中间变量，$\beta=0.604\varepsilon\left(\dfrac{Hun}{R^{\frac{1}{6}}Q_{\mathrm{p}}}\right)^{\frac{1}{3}}$；

x—— 预测点到原点的距离，m；

ε—— 排放口位置系数，岸边 1.0，中间 1.5，其余的在二者之间；

n—— 粗糙系数 0.02～0.04，查手册；

R—— 水力影响半径，R=过水面积/湿周边长=S/L。

（3）弯曲河流混合过程段

1）稳态累积流量模式

① 岸边排放。

$$c(x,q)=c_{\mathrm{h}}+\frac{c_{\mathrm{p}}Q_{\mathrm{p}}}{\sqrt{\pi M_{\mathrm{q}}x}}\left\{\exp\left(-\frac{q^{2}}{4M_{\mathrm{q}}x}\right)+\exp\left[-\frac{\left(2Q_{\mathrm{h}}-q\right)^{2}}{4M_{\mathrm{q}}x}\right]\right\} \tag{6.6}$$

② 非岸边排放。

$$c(x,q)=c_{\mathrm{h}}+\frac{c_{\mathrm{p}}Q_{\mathrm{p}}}{2\sqrt{\pi M_{\mathrm{q}}x}}\left\{\exp\left(-\frac{q^{2}}{4M_{\mathrm{q}}x}\right)+\exp\left[-\frac{\left(2aHu+q\right)^{2}}{4M_{\mathrm{q}}x}\right]+\exp\left[-\frac{\left(2Q_{\mathrm{h}}-2aHu-q\right)^{2}}{4M_{\mathrm{q}}x}\right]\right\} \tag{6.7}$$

式中：$q=Huy$，累积流量；

$M_{\mathrm{q}}=H^{2}uM_{y}$，横向混合累积流量混合系数，$\mathrm{m^2/s}$；

H—— 预测年平均水面到河底的深度；

其余各项含义同前。

式（6.6）、式（6.7）引入累积流量和相应的横向混合系数，我们要注意量纲的变化：

平直河段中：$\exp\left(-\frac{uy^2}{4M_y x}\right)$；

弯曲河段中：$\exp\left(-\frac{q^2}{4M_q x}\right)=\exp\left(-\frac{(Huy)^2}{4H^2u\cdot M_y\cdot x}\right)=\exp\left(-\frac{uy^2}{4M_y x}\right)$。

量纲完全相同，所以公式是一样的。

（4）沉降作用明显的河流

混合过程段可以近似采用非持久性污染物的相应模式，但注意应将 K_1 改为 K_3；充分混合段可以近似采用托马斯（Thomas）模式，但模式中的 K_1 为零。

2．非持久性污染物

（1）充分混合段

斯特里特—菲立浦（Streetr-Phelps，简称 S-P）模式（假设河流中的 BOD 的衰减和溶解氧的复氧都是一级反应，反应速度是恒定的，河流中的耗氧是由 BOD 衰减引起的，而河流中的溶解氧来源则是大气复氧）：

$$c=c_0\exp\left(-K_1\frac{x}{86\,400u}\right) \tag{6.8}$$

$$D=\frac{K_1c_0}{K_2-K_1}\left[\exp\left(-K_1\frac{x}{86\,400u}\right)-\exp\left(-K_2\frac{x}{86\,400u}\right)\right]+D_0\exp\left(-K_2\frac{x}{86\,400u}\right) \tag{6.9}$$

$$x_c=\frac{86\,400u}{K_2-K_1}\ln\left[\frac{K_2}{K_1}\left(1-\frac{D_0}{c_0}\frac{K_2-K_1}{K_1}\right)\right] \tag{6.10}$$

$$c_0=\frac{c_pQ_p+c_hQ_h}{Q_p+Q_h} \tag{6.11}$$

$$D_0=\frac{c_pQ_p+D_hQ_h}{Q_p+Q_h} \tag{6.12}$$

式中：c —— 预测污染物浓度，mg/L；

c_0 —— 完全混合计算的初始浓度，mg/L；

x —— 排污口到预测断面的距离，m；

u —— 河水流速，m/s；

K_1 —— 耗氧系数，l/d；

D —— 亏氧量或称氧亏，即饱和溶解氧浓度与溶解氧浓度的差值，D=DO_f−DO，mg/L；

dD/dt（复氧速率）$=K_1c-K_2D$，其中 K_2 是复氧速率常数，可按下述经验公式计算：

$$K_{2(20°C)}=5.34\times\frac{u^{0.67}}{H^{1.85}}，0.1\leqslant H\leqslant 0.6\text{ m}，u\leqslant 1.5\text{ m/s}；$$

$$K_{2(20°C)}=5.03\times\frac{u^{0.696}}{H^{1.673}}，0.6\leqslant H\leqslant 8\text{ m}，0.6\leqslant u\leqslant 1.8\text{ m/s}$$

D_0 —— 计算初始断面亏氧量，mg/L；

DO_f —— 饱和溶解氧浓度，T 为水的温度（℃），$DO_f=\dfrac{468}{31.6+T}$，mg/L；

DO —— 溶解氧浓度，mg/L；

x_c —— 最大亏氧点到计算初始点的距离，m。

【例题】

需预测某一个工厂投产后的废水中的挥发酚对河水下游的影响。污水的挥发酚浓度为 100 mg/L，污水的流量为 2.5 m^3/s，河水的流量为 25 m^3/s，河水的流速为 3.6 m/s，河水中原不含挥发酚，问在河流的下游 2 km 处，挥发酚的浓度为多少（mg/L）？

解：查手册知道苯酚的降解常数 K=0.2/d

$$c_0=\frac{c_pQ_p+c_hQ_h}{Q_p+Q_h}=\frac{100\times 2.5+0\times 25}{2.5+25}=9.09\text{ mg/L}$$

$$c_x=c_0\exp\left(-K_1\frac{x}{86\ 400\ u}\right)=9.09\times\exp\left(-0.2\times\frac{2\ 000}{86\ 400\times 3.6}\right)=9.08\text{ mg/L}$$

【例题】

拟建一个化工厂，其废水排入工厂边的一条河流，已知污水与河水在排放口下游 1.5 km 处完全混合，在完全混合处 BOD_5 为 7.8 mg/L，DO 为 5.6 mg/L。河流的平均流速为 1.5 m/s，河流平均水温 20℃。在完全混合断面的下游 25 km 处是渔业用水的引水源，河流的 K_1 为 0.35/d，K_2 为 0.5/d，若从 DO 的浓度分析，该厂的废水排放对下游的渔业用水有何影响？

解：

$$c_{BOD_5}=c_0\exp\left(-K_1\frac{x}{86\,400u}\right)=7.8\times\exp\left(-0.35\times\frac{25\,000}{86\,400\times1.5}\right)=7.29\ \text{mg/L}$$

$$DO_f=\frac{468}{31.6+T}=\frac{468}{31.6+20}=9.1\ \ \text{mg/L}$$

D_0=DO_f−DO=9.1−5.6=3.5 mg/L

$$D=\frac{k_1c_0}{k_2-k_1}\left[\exp\left(-k_1\cdot\frac{x}{86\,400u}\right)-\exp\left(-k_2\cdot\frac{x}{86\,400u}\right)\right]+D_0\exp\left(-k_2\cdot\frac{x}{86\,400u}\right)$$

$$=\frac{0.35\times7.8}{0.5-0.35}\times\left[\exp\left(-0.35\times\frac{25\,000}{86\,400\times1.5}\right)-\exp\left(-0.5\times\frac{25\,000}{86\,400\times1.5}\right)\right]+$$

$$3.5\times\exp\left(-0.5\times\frac{25\,000}{86\,400\times1.5}\right)$$

$$=3.7\ \text{mg/L}$$

DO=DO_f−D=9.1−3.7=5.4

《渔业水质标准》（GB 11607—1989）溶解氧标准值连续 24 h 中，16 h 以上必须大于 5 mg/L，其余任何时候不得低于 3 mg/L，该厂的废水排放不会对渔业用水造成很大影响。

【例题】

已知某一个工厂的排污断面上的 BOD_5 浓度为 65 mg/L，DO 为 7 mg/L，受纳废水的河流平均流速为 1.8 km/d，河水的水温为 20℃，河水的 K_1 为 0.18/d，K_2 为 2/d，试求距离为 1.5 km 处的 DO 浓度、DO 的临界浓度和临界距离。

解：利用 S-P 模式计算

$$c=c_0\exp\left(-K_1\frac{x}{u}\right)=65\times\exp\left(-0.18\times\frac{1.5}{1.8}\right)=55.95\ \text{mg/L}$$

$$D=\frac{k_1c_0}{k_2-k_1}\left[\exp\left(-k_1\cdot\frac{x}{u}\right)-\exp\left(-k_2\cdot\frac{x}{u}\right)\right]+D_0\exp\left(-k_2\cdot\frac{x}{u}\right)$$

$$=\frac{0.18\times65}{2-0.18}\times\left[\exp\left(-0.18\times\frac{1.5}{1.8}\right)-\exp\left(-2\times\frac{1.5}{1.8}\right)\right]+$$

$$\left(\frac{468}{31.6+20}-7\right)\times\exp\left(-2\times\frac{1.5}{1.8}\right)$$

$$=4.71$$

$$X_C=\frac{u}{k_2-k_1}\ln\left[\frac{k_2}{k_1}\left(1-\frac{D_0}{C_0}\cdot\frac{k_2-k_1}{k_1}\right)\right]$$

$$=\frac{1.8}{2-0.18}\ln\left[\frac{2}{0.18}\left(1-\frac{\frac{468}{31.6+20}-7}{65}\times\frac{2-0.18}{0.18}\right)\right]=1.997\ \text{km}$$

$$\frac{\mathrm{d}D}{\mathrm{d}t}=k_1c_0-k_2D=0\Rightarrow D_C=\frac{K_1}{K_2}c_0\exp(-K_1\cdot t_C)$$

$$D_C=\frac{K_1}{K_2}c_0\exp(-K_1\cdot t_C)$$

$$=\frac{0.18}{2}\times 65\times\exp\left(-0.18\times\frac{1.997}{1.8}\right)=5.62\ \text{mg/L}$$

$$\text{DO}=\frac{468}{31.6+20}-5.62=3.45\ \text{mg/L}$$

（2）平直河流混合过程段

1）二维稳态混合衰减模式

① 岸边排放。

$$c(x,y)=\exp\left(-K_1\frac{x}{86\,400u}\right)\left\{c_\mathrm{h}+\frac{c_\mathrm{p}Q_\mathrm{p}}{H\sqrt{\pi M_y xu}}\left[\exp\left(-\frac{uy^2}{4M_y x}\right)+\exp\left(-\frac{u(2B-y)^2}{4M_y x}\right)\right]\right\} \tag{6.13}$$

② 非岸边排放。

$$c(x,y)=\exp\left(-K_1\frac{x}{86\,400u}\right)\left\{c_\mathrm{h}+\frac{c_\mathrm{p}Q_\mathrm{p}}{2H\sqrt{\pi M_y xu}}\left[\begin{array}{l}\exp\left(-\frac{uy^2}{4M_y x}\right)+\exp\left(-\frac{u(2a+y)^2}{4M_y x}\right)\\+\exp\left(-\frac{u(2B-2a-y)^2}{4M_y x}\right)\end{array}\right]\right\} \tag{6.14}$$

2）弗—罗衰减模式

$$c_N=\left(\frac{c_\mathrm{p}}{N}+\frac{N-1}{N}c_\mathrm{h}\right)\exp\left(-K_1\frac{x}{86\,400u}\right) \tag{6.15}$$

式中：$N=\dfrac{\gamma Q_{\mathrm{h}}+Q_{\mathrm{p}}}{Q_{\mathrm{p}}}$，$\gamma=\dfrac{1-\exp(-\beta x^{1/3})}{1+\dfrac{Q_{\mathrm{h}}}{Q_{\mathrm{p}}}\exp(-\beta x^{1/3})}$，$\beta=0.604\varepsilon\left(\dfrac{Hun}{R^{1/6}}Q_{\mathrm{p}}\right)^{1/3}$。

（3）弯曲河流混合过程段

稳态混合衰减累积流量模式：

① 岸边排放。

$$c(x,q)=\exp\left(-K_1\frac{x}{86\,400u}\right)\left\{c_{\mathrm{h}}+\frac{c_{\mathrm{p}}Q_{\mathrm{p}}}{\sqrt{\pi M_{\mathrm{q}}x}}\left\{\exp\left(-\frac{q^2}{4M_{\mathrm{q}}x}\right)+\exp\left[-\frac{(2Q_{\mathrm{h}}-q)^2}{4M_{\mathrm{q}}x}\right]\right\}\right\} \tag{6.16}$$

② 非岸边排放。

$$c(x,q)=\exp\left(-K_1\frac{x}{86\,400u}\right)\left\{c_{\mathrm{h}}+\frac{c_{\mathrm{p}}Q_{\mathrm{p}}}{2\sqrt{\pi M_{\mathrm{q}}x}}\left\{\begin{aligned}&\exp\left(-\frac{q^2}{4M_{\mathrm{q}}x}\right)+\exp\left[-\frac{(2aHu+q)^2}{4M_{\mathrm{q}}x}\right]\\&+\exp\left[-\frac{(2Q_{\mathrm{h}}-2aHu-q)^2}{4M_{\mathrm{q}}x}\right]\end{aligned}\right\}\right\} \tag{6.17}$$

（4）沉降作用明显的河流

混合过程段可以近似采用沉降作用不明显河流相应的预测模式，但注意，K_1 指的是 BOD_5，而污染物是多种多样的，可以用降解系数 K 代替，K 的确定可以近似采用 K_1 的确定方法。

充分混合段可以采用托马斯模式，当预测的参数不包括溶解氧时，可以采用确定 K_1 的方法确定 K_1+K_3，K_3 指沉降系数。

托马斯模式（在 S-P 模型的基础上引进了悬浮物沉降作用对 BOD 去除的影响）：

$$c=c_0\exp\left[-(K_1+K_3)\frac{x}{86\,400u}\right] \tag{6.18}$$

$$D=\frac{K_1c_0}{K_2-(K_1+K_3)}\left\{\exp\left[-(K_1+K_3)\frac{x}{86\,400u}\right]-\exp\left[-K_2\frac{x}{86\,400u}\right]\right\}+D_0\exp\left[-K_2\frac{x}{86\,400u}\right] \tag{6.19}$$

$$x_c = \frac{u}{K_2-(K_1+K_3)}\ln\left[\frac{K_2}{K_1+K_3}\left(1-\frac{D_0}{c_0}\cdot\frac{K_2-(K_1+K_3)}{K_1+K_3}\right)\right] \tag{6.20}$$

$$c_0 = \frac{c_p Q_p + c_h Q_h}{Q_p + Q_h}$$

$$D_0 = \frac{D_p Q_p + D_h Q_h}{Q_p + Q_h}$$

3. 酸碱污染物质

（1）完全混合段

排放酸性物质：

$$\mathrm{pH} = \mathrm{pH_h} + \lg\left[\frac{C_{bh}(Q_p+Q_h)-C_{ap}Q_p}{C_{bh}(Q_p+Q_h)+Q_pC_{ap}K_{a1}\cdot 10\mathrm{pH_h}}\right] \tag{6.21}$$

排放碱性物质：

$$\mathrm{pH} = \mathrm{pH_h} + \lg\left[\frac{C_{bh}(Q_p+Q_h)+C_{bp}Q_p}{C_{bh}(Q_p+Q_h)-Q_pC_{bp}K_{a1}\cdot 10\mathrm{pH_h}}\right] \tag{6.22}$$

上式适用于 pH≤9 的情况。

式中：$\mathrm{pH_h}$ —— 河流上游来水的 pH；

C_{bh} —— 河流中的碱度，mg/L；

C_{ap} —— 污水中的酸度，mg/L；

C_{bp} —— 污水中的碱度，mg/L；

K_{a1} —— 碳酸一级平衡常数，见表 6.7。

表 6.7 碳酸一级平衡常数 K_{a1}

温度℃	0	5	10	15	20	25	30	40
$K\times 10$	2.65	3.04	3.43	3.80	4.15	4.45	4.71	5.06

（2）混合过程段

当受纳水体水质要求较高时可按下述方法预测：假设拟排入的酸碱污染物在河流中只有混合作用，则可按照持久性污染物模式预测混合过程段各点该酸碱物的浓度，然后通过室内试验找出该污染物浓度与 pH 值的关系曲线，最后根据各点污染物的计算浓度，查曲线以近似求得相应点的 pH 值。

4．废热

（1）充分混合段

一维日均水温模式：

$$T = T_e + (T_0 - T_e)\exp\left(-\frac{K_{TS}x}{\rho c_p H u}\right) \tag{6.23}$$

其中，$T_e = T_d + \frac{H_s}{K_{TS}}$

$$T_0 = T_h + \frac{Q_P(T_P - T_h)}{Q_h + Q_P}$$

$$K_{TS} = 15.7 + \left[0.515 - 0.004\,25(T_S - T_d) + 0.000\,051(T_S - T_d)^2\right]\cdot\left(70 + 0.7W_z^2\right)$$

式中：T_S —— 表面水温，℃；

T_e —— 平衡水温，℃；

T_0 —— 初始断面水温，℃；

T_d —— 露点温度，℃，一般北方地区 T_d ＝5℃；

T_h —— 上游河水水温，℃；

T_P —— 废水水温，℃；

ρ —— 水的密度，mg/m^3；

K_{TS} —— 表面热交换系数，W/（m·℃）；

c_p —— 水的定压比热容，取值为 4.18×10^3 J/（kg·℃）；

W_z —— 水面以上 10 m 高处的风速，m/s；

H_s —— 太阳短波辐射，一般取 600 W/m^2。

（2）混合过程段

目前尚无成熟的简单模式，一级、二级评价可参考水电部门采用的方法。

二、河口数学模式

河口指河流感潮段。

1．持久性污染物

（1）充分混合段

采用河流完全混合模式预测潮周平均、高潮平均和低潮平均水质，即欧康那河口模式。

均匀河口上溯时（$x<0$，自 $x=0$ 处排入）：

$$c = c_{\mathrm{h}} + \frac{c_{\mathrm{p}} Q_{\mathrm{p}}}{Q_{\mathrm{h}} + Q_{\mathrm{p}}} \exp\left(\frac{u}{M_l} x\right) \tag{6.24}$$

均匀河口下泄时（$x>0$）：

$$c = \frac{c_{\mathrm{p}} Q_{\mathrm{p}} + c_{\mathrm{h}} Q_{\mathrm{h}}}{Q_{\mathrm{h}} + Q_{\mathrm{p}}} \tag{6.25}$$

式中：M_l—— 纵向扩散系数，$\mathrm{m^2/s}$，可以用以下经验公式求出：淡水含量百分比法，$M_l = 0.097\dfrac{Q_{\mathrm{h}} S_\sigma}{F\left(\mathrm{d}S_\sigma / \mathrm{d}x\right)}$，$M_l = 0.194\dfrac{Q_{\mathrm{h}} S_\sigma}{F\left(S_{\sigma_{i+1}} - S_{\sigma_{i-1}}\right)}$，其中 S_σ 为盐度，‰；F 为过水断面面积。

鲍登（Bowden）法：$M_l=0.295uH$；

海福林—欧康奈尔（简称海—欧）法：$M_l = 0.48u_{\max}^{4/3}$；

狄期逊（Diachishon）法：$M_l = 1.23u_{\max}^2$；

荷—哈—费（Hobbey，Harbeman and Fisher）法：$M_l=63nuH^{0.833}$。

（2）混合过程段

可以采用河流相应情况的模式预测潮周平均情况。

2．非持久性污染物

（1）充分混合段

① 一维动态混合衰减模式，用于一级评价：

$$\frac{\partial c}{\partial t} + u\frac{\partial c}{\partial x} = \frac{1}{F}\frac{\partial}{\partial x}\left(FM_l \frac{\partial c}{\partial x}\right) - K_1 c + S_{\mathrm{p}} \tag{6.26}$$

式中：c—— 污染物浓度，mg/L；

t—— 时间，s；

S_{p}—— 污染源强，mg/L；

F—— 过水断面面积，$\mathrm{m^2}$。

② 欧康那河口衰减模式，预测均匀河口潮周平均、高潮平均和低潮平均水质：

上溯（$x<0$，自 $x=0$ 处排入）：

$$c = \frac{c_{\mathrm{p}} Q_{\mathrm{p}}}{\left(Q_{\mathrm{h}} + Q_{\mathrm{p}}\right) M} \cdot \exp\left(\frac{ux}{2M_l}\left(1+M\right)\right) + c_{\mathrm{h}} \tag{6.27}$$

下泄（$x>0$）：

$$c=\frac{c_{\mathrm{p}}Q_{\mathrm{p}}}{\left(Q_{\mathrm{h}}+Q_{\mathrm{p}}\right)M}\cdot\exp\left(\frac{ux}{2M_{l}}(1-M)\right)+c_{\mathrm{h}} \tag{6.28}$$

式中：M 是中间变量，$M=\left(1+\frac{4K_{1}M_{l}}{u^{2}}\right)^{\frac{1}{2}}$。

③ 当河口呈喇叭型，断面面积 F 和距离 x 成正比时，$F=\frac{F_{0}}{x_{0}}x$，

上溯（$x<x_0$）：

$$c=\frac{c_{\mathrm{p}}Q_{\mathrm{p}}x_{0}}{F_{0}M_{l}}\cdot N_{E}\cdot\left[x_{0}\left(\frac{K_{1}}{M_{l}}\right)^{\frac{1}{2}}\right]\cdot J_{E}\cdot\left[x\left(\frac{K_{1}}{M_{l}}\right)^{\frac{1}{2}}\cdot\left(\frac{x}{x_{0}}\right)^{E}\right]+c_{\mathrm{h}} \tag{6.29}$$

下泄（$x>x_0$）：

$$c=\frac{c_{\mathrm{p}}Q_{\mathrm{p}}x_{0}}{F_{0}M_{l}}\cdot J_{E}\cdot\left[x_{0}\left(\frac{K_{1}}{M_{l}}\right)^{\frac{1}{2}}\right]\cdot N_{E}\cdot\left[x\left(\frac{K_{1}}{M_{l}}\right)^{\frac{1}{2}}\cdot\left(\frac{x}{x_{0}}\right)^{E}\right]+c_{\mathrm{h}} \tag{6.30}$$

式中：$E=\frac{Q_{\mathrm{h}}x_{0}}{2F_{0}M_{l}}$；

F_0 —— $x=x_0$ 时的河流断面面积，m^2；

N_{E} —— 第二类 E 阶贝塞尔函数；

J_{E} —— 第一类 E 阶贝塞尔函数。

（2）混合过程段

二维动态混合衰减数值模式：

$$\frac{\partial c}{\partial t}+u\frac{\partial c}{\partial x}=M_{x}\frac{\partial^{2}c}{\partial x^{2}}+M_{y}\frac{\partial^{2}c}{\partial y^{2}}-K_{1}c \tag{6.31}$$

式中：M_x —— 纵向混合系数，m^2/s；

M_y —— 纵向混合系数，m^2/s；

c —— 污染物浓度，mg/L。

3．酸碱污染物（以 pH 表征）

可以采用河流相应情况模式预测潮周平均、高潮平均和低潮平均水质。

4．废热（以水温表征）

可以参照河流相关模式处理。

三、湖泊水库数学模式

1．持久性污染物

（1）小湖（库）

湖泊完全混合平衡模式：

$$c=\frac{W_0+c_pQ_p}{Q_h}+\left(c_h-\frac{W_0+c_pQ_p}{Q_h}\right)\exp\left(-\frac{Q_h}{V}t\right) \tag{6.32}$$

平衡时：

$$c=\frac{W_0+c_pQ_p}{Q_h} \tag{6.33}$$

式中：W_0 —— 现有污染物的排入量，g/s；

Q_h —— 湖水的流出量，m^3/s；

V —— 湖水体积，m^3。

（2）无风时的大湖（库）

卡拉乌舍夫模式：

$$c_r=c_p-(c_p-c_{r0})\left(\frac{r}{r_0}\right)^{Q_p/\Phi HM_r} \tag{6.34}$$

式中：Φ —— 湖心排放，取 2π 弧度，平直湖岸排放取 π 弧度；

r —— 排放口到预测点的距离，m；

r_0 —— 距排污点足够远的某点，m；

c_{r0} —— r_0 处实测值，mg/L；

H —— 湖平均水深，m；

M_r —— 径向混合系数，示踪法确定，m^2/s。

（3）近岸环流显著的大湖（库）

可以采用湖泊环流二维稳态混合模式。

岸边排放：

$$c(x,y)=c_h+\frac{c_pQ_p}{H\sqrt{\pi M_y xu}}\exp\left(-\frac{uy^2}{4M_y x}\right) \tag{6.35}$$

非岸边排放：

$$c(x,y)=c_{\mathrm{h}}+\frac{c_{\mathrm{p}}Q_{\mathrm{p}}}{2H\sqrt{\pi M_y xu}}\left\{\exp\left(-\frac{uy^2}{4M_y x}\right)+\exp\left(-\frac{u(2a+y)^2}{4M_y x}\right)\right\} \quad (6.36)$$

式中：a——排放口到岸边的距离，m。

（4）分层湖（库）

分层湖（库）集总参数模式：

① 分层期（$0<t/86\,400<t_1$）：

$$c_{\mathrm{E(l)}}=c_{\mathrm{PE}}-\left(c_{\mathrm{PE}}-c_{\mathrm{M(l-1)}}\right)\exp\left(-\frac{Q_{\mathrm{PE}}t}{V_{\mathrm{E}}}\right) \quad (6.37)$$

$$c_{\mathrm{H(l)}}=c_{\mathrm{PH}}-\left(c_{\mathrm{PH}}-c_{\mathrm{M(l-1)}}\right)\exp\left(-\frac{Q_{\mathrm{PH}}t}{V_{\mathrm{H}}}\right) \quad (6.38)$$

式中：c_{E}——分层湖上层的平均浓度，mg/L；

c_{H}——分层湖下层的平均浓度，mg/L；

c_{M}——分层湖非成层期污染物平均浓度，mg/L；

l——时间序列标号；

$c_{\mathrm{M(0)}}=c_{\mathrm{h}}$；

Q_{PE}——排入分层湖上层的废水量，$\mathrm{m^3/s}$；

Q_{PH}——排入分层湖下层的废水量，$\mathrm{m^3/s}$；

c_{PE}——向分层湖上层排放的污染物浓度，mg/L；

c_{PH}——向分层湖下层排放的污染物浓度，mg/L；

V_{E}——分层湖上层体积，$\mathrm{m^3}$；

V_{H}——分层湖下层体积，$\mathrm{m^3}$。

翻转时上下两层瞬时完全混合：

$$c_{\mathrm{T(l)}}=\frac{c_{\mathrm{E(l)}}V_{\mathrm{E}}+c_{\mathrm{H(l)}}V_{\mathrm{H}}}{V_{\mathrm{E}}+V_{\mathrm{H}}} \quad (6.39)$$

② 非分层期（$t_1<t/86\,400<t_2$）：

$$c_{\mathrm{M(l)}}=c_p-\left(c_{\mathrm{p}}-c_{\mathrm{T(l)}}\right)\exp\left(-\frac{Q_{\mathrm{p}}(t-t_1)}{V}\right) \quad (6.40)$$

式中：t_1——成层期天数，d；

t_2——自成层期到非成层期结束的天数，d。

2．非持久性污染物

（1）小湖（库）

湖泊完全混合衰减模式：

$$c=\frac{W_0+c_{\mathrm{p}}Q_{\mathrm{p}}}{VK_{\mathrm{h}}}+\left(c_{\mathrm{h}}-\frac{W_0+c_{\mathrm{p}}Q_{\mathrm{p}}}{VK_{\mathrm{h}}}\right)\exp\left(-K_{\mathrm{h}}t\right) \tag{6.41}$$

式中：K_{h}—— 中间变量，$K_{\mathrm{h}}=\frac{Q_{\mathrm{h}}}{V}+\frac{K_1}{86\,400}$。

平衡时：

$$c=\frac{(W_0+c_{\mathrm{p}}Q_{\mathrm{p}})}{VK_{\mathrm{h}}} \tag{6.42}$$

$$K_{\mathrm{h}}=\frac{Q_{\mathrm{h}}}{V}+\frac{K_1}{86\,400} \tag{6.43}$$

式中：V—— 湖的体积，m^3；

K_1—— 耗氧系数，1/d。

（2）无风时的大湖（库）

湖泊推流衰减模式，其中 Φ 可根据湖（库）岸边形状和水流状况确定，中心排放取 2π弧度，平直岸边取π弧度；K_1 的确定同小湖（库）模式。

$$c_{\mathrm{r}}=c_{\mathrm{p}}\exp\left(-\frac{K_1\Phi Hr^2}{172\,800Q_{\mathrm{p}}}\right)+c_{\mathrm{h}} \tag{6.44}$$

（3）近岸环流显著的大湖（库）

湖泊环流二维稳态混合衰减模式：

① 岸边排放：

$$c(x,y)=\left[c_{\mathrm{h}}+\frac{c_{\mathrm{p}}Q_{\mathrm{p}}}{H\sqrt{\pi M_y xu}}\exp\left(-\frac{uy^2}{4M_y x}\right)\right]\exp\left(-K_1\frac{x}{86\,400u}\right) \tag{6.45}$$

② 非岸边排放：

$$c(x,y)=\left\{c_{\mathrm{h}}+\frac{c_{\mathrm{p}}Q_{\mathrm{p}}}{2H\sqrt{\pi M_y xu}}\left[\exp\left(-\frac{uy^2}{4M_y x}\right)+\exp\left(-\frac{u(2a+y)^2}{4M_y x}\right)\right]\right\}\exp\left(-K_1\frac{x}{86\,400u}\right) \tag{6.46}$$

（4）分层湖（库）

分层湖集总参数衰减模式：

① 分层期（0＜t/86 400＜t_1）：

$$c_{\mathrm{E(l)}}=\frac{c_{\mathrm{PE}}Q_{\mathrm{PE}}/V_{\mathrm{E}}}{K_{\mathrm{hE}}}-\frac{\left(c_{\mathrm{PE}}Q_{\mathrm{PE}}/V_{\mathrm{E}}-K_{\mathrm{hE}}c_{\mathrm{M(l-1)}}\right)}{K_{\mathrm{hE}}}\exp\left(-K_{\mathrm{hE}}t\right) \tag{6.47}$$

$$c_{\mathrm{H(l)}}=\frac{c_{\mathrm{PH}}Q_{\mathrm{PH}}/V_{\mathrm{E}}}{K_{\mathrm{hE}}}-\frac{\left(c_{\mathrm{PH}}Q_{\mathrm{PH}}/V_{\mathrm{E}}-K_{\mathrm{hE}}c_{\mathrm{M(l-1)}}\right)}{K_{\mathrm{hE}}}\exp\left(-K_{\mathrm{hH}}t\right) \tag{6.48}$$

式中：$K_{\mathrm{hE}}=\dfrac{Q_{\mathrm{PE}}}{V_{\mathrm{E}}}+\dfrac{K_1}{86\,400}$，$K_{\mathrm{hH}}=\dfrac{Q_{\mathrm{PH}}}{V_{\mathrm{H}}}+\dfrac{K_1}{86\,400}$。

翻转时上下两层瞬时完全混合：

$$c_{\mathrm{T(l)}}=\frac{c_{\mathrm{E(l)}}V_{\mathrm{E}}+c_{\mathrm{H(l)}}V_{\mathrm{H}}}{V_{\mathrm{E}}+V_{\mathrm{H}}} \tag{6.49}$$

② 非分层期（t_1＜t/86 400＜t_2）：

$$c_{\mathrm{M(l)}}=\frac{c_{\mathrm{p}}Q_{\mathrm{p}}/V}{K_{\mathrm{h}}}-\frac{\left(c_{\mathrm{p}}Q_{\mathrm{p}}/V-K_{\mathrm{h}}c_{\mathrm{T(l)}}\right)}{K_{\mathrm{h}}}\exp\left(-K_{\mathrm{h}}t\right) \tag{6.50}$$

式中：$c_{\mathrm{M(0)}}=c_{\mathrm{h}}$，$K_{\mathrm{h}}=\dfrac{Q_{\mathrm{p}}}{V}+\dfrac{K_1}{86\,400}$。

（5）顶端入口附近排入废水的狭长湖（库）

狭长湖移流衰减模式：

$$c_1=\frac{c_{\mathrm{p}}Q_{\mathrm{p}}}{Q_{\mathrm{h}}}\exp\left(-K_1\frac{V}{86\,400Q_{\mathrm{h}}}\right)+c_{\mathrm{h}} \tag{6.51}$$

（6）循环利用湖水的小湖（库）

部分混合水质模式：

$$c=\frac{c_{\mathrm{p}}R_{\mathrm{c}}}{(R_{\mathrm{c}}+1)\exp\left(\dfrac{K_1V}{86\,400Q_{\mathrm{c}}(R_{\mathrm{c}}+1)}\right)-1}+c_{\mathrm{h}} \tag{6.52}$$

式中：$R_{\mathrm{c}}=Q_{\mathrm{p}}/Q_{\mathrm{c}}$。

3．酸碱污染物（以 pH 值表征）

小湖可以近似采用河流 pH 值模式。

四、海湾数学模式

1．持久性污染物

ADI 潮流模式：

$$\text{微分方程}\begin{cases}\dfrac{\partial z}{\partial t}+\dfrac{\partial}{\partial t}\left[(h+z)u\right]+\dfrac{\partial}{\partial y}\left[(h+z)v\right]=0\\ \dfrac{\partial u}{\partial t}+u\dfrac{\partial u}{\partial x}+v\dfrac{\partial u}{\partial y}-fv+g\dfrac{\partial z}{\partial x}+g\dfrac{u(u^2+v^2)^{1/2}}{C_z^2(h+z)}=0\\ \dfrac{\partial v}{\partial t}+u\dfrac{\partial v}{\partial x}+v\dfrac{\partial v}{\partial y}+fu+g\dfrac{\partial z}{\partial y}+g\dfrac{v(u^2+v^2)^{1/2}}{C_z^2(h+z)}=0\end{cases}\tag{6.53}$$

式中：u——x 方向的流速，m/s；

v——y 方向的流速，m/s。

约一新模式：

$$c_{\mathrm{r}}=c_{\mathrm{h}}+(c_{\mathrm{p}}-c_{\mathrm{h}})\left[1-\exp\left[-\frac{Q_{\mathrm{p}}}{\Phi dM_{\mathrm{r}}r}\right]\right]\tag{6.54}$$

式中：c_{r}——污染物弧面平均浓度，mg/L；

M_{r}——径向混合系数，$\mathrm{m^2/s}$；

C_{z}——谢才系数，$\mathrm{m^{1/2}/s}$；

f——柯氏力系数，f=2$\omega\sin\Phi$，ω为地球自转角度，1/s；Φ为混合角度，弧度。

r——排放口到预测点的距离。

2．非持久性污染物

采用持久性污染物的相应模式预测。

3．酸碱污染物（以 pH 值表征）

目前尚无通用成熟的数学模式。可以按下述方法预测海湾的 pH 值：首先假设拟排入的酸碱污染物只有混合作用，并按照海洋持久性污染物相关模式预测该污染物各点的浓度，然后通过室内试验找出该污染物浓度与 pH 值的关系曲线，最后根据某点该污染物的浓度查曲线，即可近似求得该点的 pH 值。

4．废热（以水温表征）

特征理论温度模式：

$$\frac{\partial[(h+z)T]}{\partial t}+\frac{\partial[(h+z)uT]}{\partial x}+\frac{\partial[(h+z)vT]}{\partial y}$$
$$=\frac{\partial}{\partial x}\left[(h+z)M_x\frac{\partial T}{\partial x}\right]+\frac{\partial}{\partial y}\left[(h+z)M_y\frac{\partial T}{\partial y}\right]+S_p(h+z)-\frac{K_{TS}T}{c'_p\rho} \quad (6.55)$$

式中：S_p —— 污染源强，℃；

c'_p —— 水的比热，J/（kg·℃）。

初值和源强：

$$T_{i,j}^{(0)}=0$$

$$S_{pi,j}^{(l)}=\begin{cases}\dfrac{(T_p^{(l)}-T_h)Q_p^{(l)}}{\Delta x\Delta y(h+z)_{i,j}^{(l)}} & \text{排放点}\\ 0 & \text{非排放点}\end{cases}$$

式中：T —— 垂向平均温度与 T_h 的温差；

i —— x 方向位置标号；

j —— y 方向位置标号。

五、参数估值

1．耗氧系数 K_1 的单独估值方法

实验室测定法（水团跟踪法）：

$$K_1=K'_1+\frac{(0.11+54I)u}{H} \quad (6.56)$$

式中：I —— 河流底坡或地面坡度，m/m；

K'_1 —— 实验室测定的耗氧系数。

试验数据的处理采用最小二乘法或作图法。

对于湖泊、水库可以直接采用 K'_1。

对河流两点法：

$$K_1=\frac{86\,400u}{\Delta x}\ln\frac{c_A}{c_B} \quad (6.57)$$

对湖（库）两点法：

$$K_1 = \frac{172\ 800 Q_p}{\Phi H\left(r_B^2 - r_A^2\right)} \ln \frac{c_A}{c_B} \tag{6.58}$$

Kol 法：

$$K_1 = \frac{86\ 400u}{\Delta x} \ln \frac{\exp\left(-K_2 \Delta x / u\right)\left(\mathrm{DO}_2 - \mathrm{DO}_1\right) - \mathrm{DO}_3 + \mathrm{DO}_2}{\exp\left(-K_2 \Delta x / u\right)\left(\mathrm{DO}_3 - \mathrm{DO}_2\right) - \mathrm{DO}_4 + \mathrm{DO}_3} \tag{6.59}$$

式中：DO_1、DO_2、DO_3、DO_4 —— 河流等距离断面 1、2、3、4 的溶解氧浓度，mg/L。

2．复氧系数 K_2 的单独估值方法——经验公式法

欧康那—道宾斯经验式：

$$K_{2(20℃)} = \begin{cases} 294 \dfrac{\left(D_m u\right)^{1/2}}{H^{3/2}}, C_z \quad 17 \\ 824 \dfrac{D_m^{0.5} l^{0.25}}{H^{1.25}}, C_z < 17 \end{cases}$$

$$C_z = \frac{1}{n} H^{1/6} \tag{6.60}$$

$$D_m = 1.774 \times 10^{-4} \times 1.037^{(T-20)}$$

式中：C_z —— 谢才系数。

欧文斯等（Owens，et al）经验式：

$$K_{2(20℃)} = 5.34 \frac{u^{0.67}}{H^{1.85}}, \quad \begin{matrix} 0.1 \leqslant H \leqslant 0.6\ \mathrm{m} \\ u \leqslant 1.5\ \mathrm{m/s} \end{matrix} \tag{6.61}$$

丘吉尔（Churchill）经验式：

$$K_{2(20℃)} = 5.03 \frac{u^{0.696}}{H^{1.673}}, \quad \begin{matrix} 0.6 \leqslant H \leqslant 8\ \mathrm{m} \\ 0.6 \leqslant u \leqslant 1.8\ \mathrm{m/s} \end{matrix} \tag{6.62}$$

3．K_1，K_2 的温度校正

$$K_{1或2(T)} = K_{1或2(20℃)} \cdot \theta^{(T-20)} \tag{6.63}$$

温度常数 θ 取值范围：

对 K_1，$1.02 < \theta < 1.06$，一般取 1.047；

对 K_2，$1.015 < \theta < 1.047$，一般取 1.024。

4．混合系数的经验公式单独估值法

（1）泰勒（Taylor）法求 M_y（适用于河流）：

$$M_y = (0.058H + 0.0065B)(gHI)^{1/2}, B/H \leqslant 100 \quad (6.64)$$

（2）爱尔德（Elder）法求 M_x（适用于河流）：

$$M_x = 5.93H(gHI)^{1/2} \quad (6.65)$$

（3）爱-兰（Elder-Leendertse）法求 M_x、M_y（适用于海湾）：

$$M_x = 18.57uh/C_z, \quad M_y = 18.57h/C_z \quad (6.66)$$

【例题】

有一条河段长 4 km，河段起点 BOD_5 的浓度为 38 mg/L，河段末端 BOD_5 的浓度为 16 mg/L，河水的平均流速为 1.5 km/d，求该河段的自净系数 K_1 为多少?

解：

$$K_1 = \frac{u}{\Delta x} \cdot \ln \frac{c_A}{c_B} = \frac{1.5}{4} \cdot \ln \frac{38}{16} = 0.32\ (1/\mathrm{d})$$

六、数学模式的验证

采用数学模式法预测环境影响的过程中，若出现下列情况之一时，应对所采用的数学模式进行验证。

（1）国内新开发的数学模式；

（2）国外开发，国内首次应用的数学模式；

（3）由其他领域首次引入环境影响预测领域的数学模式；

（4）国内虽有个别应用，但不够成熟的数学模式并且评价等级为一级时；

（5）环境的实际情况不能充分满足所采用数学模式的适用条件时。

数学模式的验证一般根据实测或现有的水文、水质资料进行。

第三节　地表水环境影响评价

一、评价的原则

评价建设项目的地表水环境影响是评定与估价建设项目各生产阶段对地表水

的环境影响，它是环境影响预测的继续。

1．单项评价方法及其应用原则

单项评价方法是以国家、地方的有关法规、标准为依据，评定与评价各评价项目的单个质量参数的环境影响。预测值未包括环境质量现状值（即背景值）时，评价时应注意叠加环境质量现状值。

在评价某个环境质量参数时，应对各预测点在不同情况下该参数的预测值均进行评价。

单项评价应有重点，对影响较重的环境质量参数，应尽量评定与评价影响的特性、范围、大小及重要程度，影响较轻的环境质量参数则可较为简略。

2．多项评价方法及其应用原则

多项评价方法适用于各评价项目中多个质量参数的综合评价，采用多项评价方法时，不一定包括该项目已预测环境影响的所有质量参数，可以有重点地选择适当的质量参数进行评价。

建设项目如需进行多个厂址优选时，要应用综合评价进行分析、比较。

3．地表水环境影响的评价范围与影响预测范围相同

所有预测点和所有预测的水质参数均应进行各生产阶段不同情况的环境影响评价，但应有重点。空间方面，水文要素和水质急剧变化处、水域功能改变处、取水口附近等应作为重点；水质方面，影响较重的水质参数应为重点。

多项水质参数综合评价的评价方法和评价的水质参数应与环境现状综合评价相同。

二、评价的基本资料

1．水域功能

水域功能是评价建设项目环境影响的基本资料。水域功能按国家标准GB 3838—2002 确定。

2．水质标准

评价建设项目的地表水环境影响所采用的水质标准与环境现状评价相同，河道断流应由环保部门规定功能，并重新选择标准，进行评价。

3．污染分担

规划中几个建设项目在一定时期（如 5 年）内兴建并向同一地表水环境排污时，应由政府有关部门规定各建设项目的排污总量或允许利用其自净能力的比例。

三、评价方法

在这里介绍一下单项水质参数评价方法。

1. 标准指数法

单项水质参数 i 在第 j 点的标准指数：

$$S_{i,j}=c_{i,j}/c_{si} \tag{6.67}$$

式中：c_{si} —— 水质参数 i 的地面水水质标准。

DO 的标准指数为：

$$S_{\mathrm{DO},j}=\frac{\left|\mathrm{DO_f}-\mathrm{DO}_j\right|}{\mathrm{DO_f}-\mathrm{DO_s}},\ \mathrm{DO}_j \geqslant \mathrm{DO_s} \tag{6.68}$$

$$S_{\mathrm{DO},j}=10-9\frac{\mathrm{DO}_j}{\mathrm{DO_s}},\ \mathrm{DO}_j < \mathrm{DO_s} \tag{6.69}$$

式中：$\mathrm{DO_f}=468/(31.6+T)$；$\mathrm{DO_s}$ 为溶解氧的地面水水质标准，mg/L。

pH 的标准指数为：

$$S_{\mathrm{pH},j}=\frac{7.0-\mathrm{pH}_j}{7.0-\mathrm{pH_{sd}}},\ \mathrm{pH}_j \leqslant 7.0 \tag{6.70}$$

$$S_{\mathrm{pH},j}=\frac{\mathrm{pH}_j-7.0}{\mathrm{pH_{su}}-7.0},\ \mathrm{pH}_j > 7.0 \tag{6.71}$$

式中：$\mathrm{pH_{sd}}$ —— 地面水水质标准中规定的 pH 值下限，6；

$\mathrm{pH_{su}}$ —— 地面水水质标准中规定的 pH 值上限，9。

水质参数的标准指数大于 1，表明该水质参数超过了规定的水质标准，已经不能满足使用要求。

2. 自净利用指数法

规划中几个建设项目在一定时期（如 5 年）内兴建并且向同一地表水环境排污的情况可以采用自净利用指数进行单项评价。

位于地表水环境中 j 点的污染物 i 来说，它的自净利用指数 $P_{i,j}$ 如下式：

$$P_{i,j}=\frac{c_{i,j}-c_{hi,j}}{\lambda(c_{si}-c_{hi,j})} \tag{6.72}$$

DO 的自净利用指数为：

$$P_{\mathrm{DO},j}=\frac{\mathrm{DO}_{hj}-\mathrm{DO}_{j}}{\lambda(\mathrm{DO}_{hj}-\mathrm{DO}_{\mathrm{s}})} \tag{6.73}$$

pH 的自净利用指数为：

$$P_{\mathrm{pH},j}=\frac{\mathrm{pH}_{hj}-\mathrm{pH}_{j}}{\lambda(\mathrm{pH}_{hj}-\mathrm{pH}_{\mathrm{sd}})}\text{，排入酸性物质时} \tag{6.74}$$

$$P_{\mathrm{pH},j}=\frac{\mathrm{pH}_{j}-\mathrm{pH}_{hj}}{\lambda(\mathrm{pH}_{su}-\mathrm{pH}_{hj})}\text{，排入碱性物质时} \tag{6.75}$$

式中：λ—— 自净能力允许利用率。

当 $P_{i,j}\leqslant 1$ 时说明污染物 i 在 j 点利用的自净能力没有超过允许的比例；否则说明超过允许利用的比例，这时 $P_{i,j}$ 的值即为允许利用的倍数。

四、小结的编写

评价等级为一级、二级时应编写小结。小结的内容包括地表水环境现状概要、建设项目工程分析与地表水环境有关部分的概要、建设项目对地表水环境影响预测和评价的结果、水环境保护措施的评述和建议等。

环保措施建议一般包括污染削减措施建议和环境管理措施建议两部分。

削减措施建议要尽量做到具体、可行，以便对建设项目的环境工程设计起指导作用。

削减措施的评述，主要评述其环境效益（应说明排放物的达标情况），也可以做些简单的技术经济分析。

环境管理措施建议包括环境监测（含监测点、监测项目和监测次数）的建议、水土保持措施建议、防止泄漏等事故发生的措施建议、环境管理机构设置的建议等。评价建设项目的地表水环境影响的最终结果应得出建设项目在实施过程的不同阶段能否满足预定的地表水环境质量的结论。

有些情况不宜做出明确的结论，如建设项目恶化了地表水环境的某些方面，同时又改善了其他某些方面。这种情况应说明建设项目对地表水环境的正影响、负影响及其范围、程度和评价者的意见。

思考题

1．在地表水环境影响与预测中，如何对河流进行简化?

2．简述地表水评价的原则。

3．试述地表水环境影响评价的方法。

4．河边拟建一工厂，排放含氯化物废水，流量 2.83 m^3/s，含盐量 1 300 mg/L，该河平均流速 0.46 m/s，平均河宽 13.7 m，平均水深 0.61 m，含氯化物浓度 100 mg/L。如该厂废水排入河中能与河水迅速混合，问河水氯化物是否超标（设地方标准为 200 mg/L）？

5．某河段河水流量约为 216×10^4 m^3/d，河水平均流速为 46 km/d，河流平均水温约为 13.6℃，河水耗氧系数 K_1 为 0.94/d，河水复氧系数 K_2 为 1.82/d，河流沉降系数 K_3 为−0.17/d。该河段始端排放废水，废水流量为 10×10^4 m^3/d，BOD_5 为 500 mg/L，溶解氧为 0。上游河水 BOD_5 为 0，溶解氧为 8.95 mg/L。计算距该河段始端 6 km 处河水的 BOD_5 值和氧亏值。

第七章　声环境影响评价

第一节　声环境的基础知识

一、噪声的定义及分类

声音是由于物体振动而产生的，它由于各种介质的传播而为人耳所接受。所以声音的感知必须由三部分构成：一是振动源（声源），二是传播体（空气，水等），三是接受者。

噪声是声音的一种，如何辨定噪声有一定的主观性，所以说一切影响人的正常生活的声音都应视为噪声，我们把噪声定义为人们不需要的频率在 20～20 000 Hz 范围内的可听声。

噪声依其来源的不同分为工业噪声，施工噪声，交通噪声，生活噪声，其他噪声五种。

二、表征噪声的物理量

1．声功率，声强，声压

（1）声功率

声源在单位时间内放出的总能量，以瓦（W）计。

（2）声强

声音传播出来后在介质中传输，凡有声音传输的介质叫声场。在声场中垂直于声波传播方向上，单位时间、通过单位面积的能量叫声强，常用 I 来表示，单位是 W/m^2，点声源和声强的关系同距离有关。

$$I = \frac{W}{4\pi r^2} \quad (自由声场) \tag{7.1}$$

式中：I—— 声强，W/m^2；

W—— 声功率，W；

r—— 距离，m。

如点声源在一刚性的平面上，声波只向半球面转播，则上式为：

$$I = \frac{W}{2\pi r^2} \quad (半自由声场) \tag{7.2}$$

（3）声压

由于在传播中的功率难以测量，所以对声强的测量出现困难，但是声音的传播引起空气压强的变化，即受力的变化是可以测量的，于是常用声压来测量声音的强弱。

瞬时声压：某一瞬间介质中的压强相对于无声时压强的改变量称为瞬时声压，记作 $P_{(t)}$，单位是帕（Pa），1 Pa=1 N/m^2。声音是一波动过程，所以声压有高有低，有正有负，但我们听到的只是一个平均值。

有效声压：瞬时声压的均方根值称为有效声压，记作 P_r，通常所说的声压即为有效声压。

$$P_r = \sqrt{\int_0^T P_{(t)}^2 \mathrm{d}t \frac{1}{T}} \tag{7.3}$$

式中：P_r—— T 时间内的有效声压；

$P_{(t)}$—— 某一时刻的瞬间声压。

声压与声强和介质之间的关系如下式：

$$I = \frac{P_r^2}{\rho_0 c_0} \tag{7.4}$$

式中：ρ_0—— 介质密度，kg/m^3；

c_0—— 声音传播速度，m/s。

2．声压级，声强级和声功率级

正常人耳刚能听到的声音其声压我们称之为听阈声压，对 1 000 Hz 的声音来说其声压约为 2×10^{-5}Pa，能使人耳产生疼痛的声压称为痛阈声压，约为 20 Pa，相差 10^6，六个数量级，声强相差 10^{12} 倍，所以用声压或声强的绝对值来计算很不方便，加之人耳对声音大小的感觉呈对数关系，所以我们常用声压、声强的对数值来表示声压和声强等，这就引入了声压级、声强级和声功率级等。

（1）声压级

单位为分贝，用 dB 表示。

$$L_p = 20\lg\frac{P}{P_0} \tag{7.5}$$

式中：L_p—— 声压级，dB；

P—— 声压，Pa；

P_0—— 基准声压，2×10^{-5}Pa。

（2）声强级

$$L_I = 10\lg\frac{I}{I_0} \tag{7.6}$$

式中：L_I—— 声强级，dB；

I—— 声强，W/m^2；

I_0—— 基准声强，$10^{-12}W/m^2$。

（3）声功率级

$$L_W = 10\lg\frac{W}{W_0} \tag{7.7}$$

式中：L_W—— 声功率级，dB；

W—— 声功率，W；

W_0—— 基准声功率，10^{-12}W。

3．分贝值的计算

（1）声压级，声强级和声功率级的相加

采用下式进行计算：

$$L_{epg} = 10\lg\left(\sum_{i=1}^{n}10^{0.1L_{pi}}\right) \tag{7.8}$$

（2）查表计算

例如，L_1=100 dB，L_2=98 dB，求两者的和。

先算出两个声音的分贝差，L_1-L_2=2 dB，再查表 7.1 找出 2 dB 对应的增值 ΔL=2.1 dB，然后在分贝数大的 L_1 上加上 ΔL，得到的即为所求的值 102.1 dB。

表 7.1 分贝和的增值表 单位：dB

$L_{p1}-L_{p2}$	0	1	2	3	4	5	6	7	8	9	10	11
ΔL	3	2.5	2.1	1.6	1.5	1.2	1.0	0.8	0.6	0.5	0.4	0.3

（3）平均值

$$\overline{L}=10\lg\sum_{i=1}^{n}10^{\frac{L_i}{10}}-10\lg n \tag{7.9}$$

式中：L_i —— 第 i 个噪声源的声级；

n —— 噪声源的个数。

4．频谱图和倍频程

在噪声的分析中往往要知道各不同声频的声强或声压，从而成一频谱图，如图 7.1 所示。

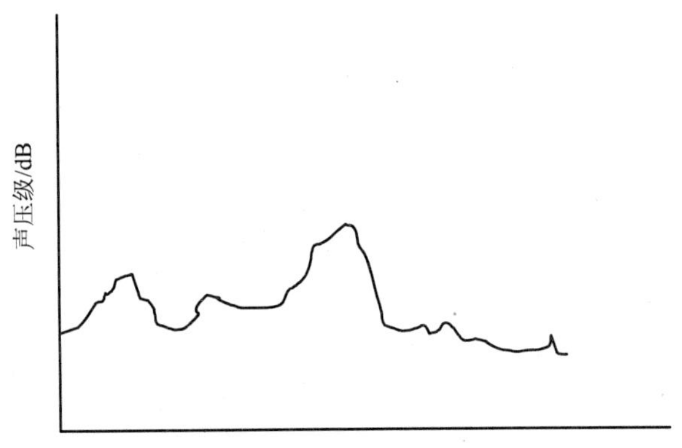

图 7.1 频谱图

由于一般的噪声出现的频率较宽，如人耳能听到的声音为 20～20 000 Hz，为方便起见我们以下一频率为上一频率的一倍而分成若干 1 倍频程频率带，如表 7.2 所示。

表 7.2 倍频程频率范围 单位：Hz

中心频率	31.5	63	125	250	500	1 000	2 000	4 000	8 000	16 000
下限	22.5	45	90	180	335	710	1 400	2 800	5 600	11 200
上限	45	90	180	355	710	1 400	2 800	5 600	11 200	22 400

第二节　声环境影响评价概述

一、声环境影响评价涉及的术语

环境噪声指在工业生产、建筑施工、交通运输和社会生活中所产生的干扰周围生活环境的声音（频率在 20 Hz～20 kHz 的可听声范围内）。

固定声源是指在声源发声时间内，声源位置不发生移动的声源。

流动声源是指在声源发声时间内，声源位置按一定轨迹移动的声源。

点声源是指以球面波形式辐射声波的声源，辐射声波的声压幅值与声波传播距离（r）成反比。任何形状的声源，只要声波波长远远大于声源几何尺寸，该声源可视为点声源。在声环境影响评价中，声源中心到预测点之间的距离超过声源最大几何尺寸 2 倍时，可将该声源近似为点声源。

线声源是指以柱面波形式辐射声波的声源，辐射声波的声压幅值与声波传播距离的平方根（$\sqrt{r}$）成反比。

面声源是指以平面波形式辐射声波的声源，辐射声波的声压幅值不随传播距离改变（不考虑空气吸收）。

敏感目标是指医院、学校、机关、科研单位、住宅、自然保护区等对噪声敏感的建筑物或区域。

贡献值是指由建设项目自身声源在预测点产生的声级。

背景值是指不含建设项目自身声源影响的环境声级。

预测值是指预测点的贡献值和背景值按能量叠加方法计算得到的声级。

二、声环境评价的基本任务

（1）评价建设项目实施引起的声环境质量的变化和外界噪声对需要安静建设项目的影响程度。

（2）提出合理可行的防治措施，把噪声污染降低到允许水平。

（3）从声环境影响角度评价建设项目实施的可行性。

（4）为建设项目优化选址、选线、合理布局以及城市规划提供科学依据。

三、声环境评价分类

1. 按评价对象划分

可分为建设项目声源对外环境的环境影响评价和外环境声源对需要安静建设项目的环境影响评价。

2. 按声源种类划分

可分为固定声源和流动声源的环境影响评价。

固定声源的环境影响评价：主要指工业（工矿企业和事业单位）和交通运输（包括航空、铁路、城市轨道交通、公路、水运等）固定声源的环境影响评价。

流动声源的环境影响评价：主要指在城市道路、公路、铁路、城市轨道交通上行驶的车辆以及从事航空和水运等运输工具，在行驶过程中产生的噪声环境影响评价。

对于停车场、调车场、施工期施工设备、运行期物料运输、装卸设备等可分别划分为固定声源或流动声源。

对于建设项目，既拥有固定声源，又拥有流动声源时应分别进行噪声环境影响评价；同一敏感点既受到固定声源影响，又受到流动声源影响时，应进行叠加环境影响评价。

四、声环境评价量

1. 声环境质量评价量

声环境功能区的环境质量评价量为昼间等效声级（L_d）、夜间等效声级（L_n），突发噪声的评价量为最大 A 声级（L_{max}）。

机场周围区域受飞机通过（起飞、降落、低空飞越）噪声环境影响的评价量为计权等效连续感觉噪声级（L_{WECPA}）。

2. 声源源强表达量

A 声功率级（L_{AW}），或中心频率为 63 Hz～8 kHz 8 个倍频带的声功率级（L_W）；距离声源 r 处的 A 声级[L_A（r）]或中心频率为 63 Hz～8 kHz 8 个倍频带的声压级[L_P（r）]；等效感觉噪声级（L_{EPN}）。

3. 厂界、场界、边界噪声评价量

根据《工业企业厂界环境噪声排放标准》（GB 12348）和《建筑施工场界噪声限值》（GB 12523），对工业企业厂界、建筑施工场界的噪声评价量，通常选用：

昼间等效声级（L_d）、夜间等效声级（L_n）、室内噪声倍频带声压级，频发、偶发噪声的评价量为最大 A 声级（L_{max}）。

根据 GB 12525、GB 14227 铁路边界、城市轨道交通车站站台噪声评价量为昼间等效声级（L_d）、夜间等效声级（L_n）。

根据 GB 22337 社会生活噪声源边界噪声评价量为昼间等效声级（L_d）、夜间等效声级（L_n），室内噪声倍频带声压级、非稳态噪声的评价量为最大 A 声级（L_{max}）。

五、声环境影响评价的工作程序

声环境评价的工作程序见图 7.2。

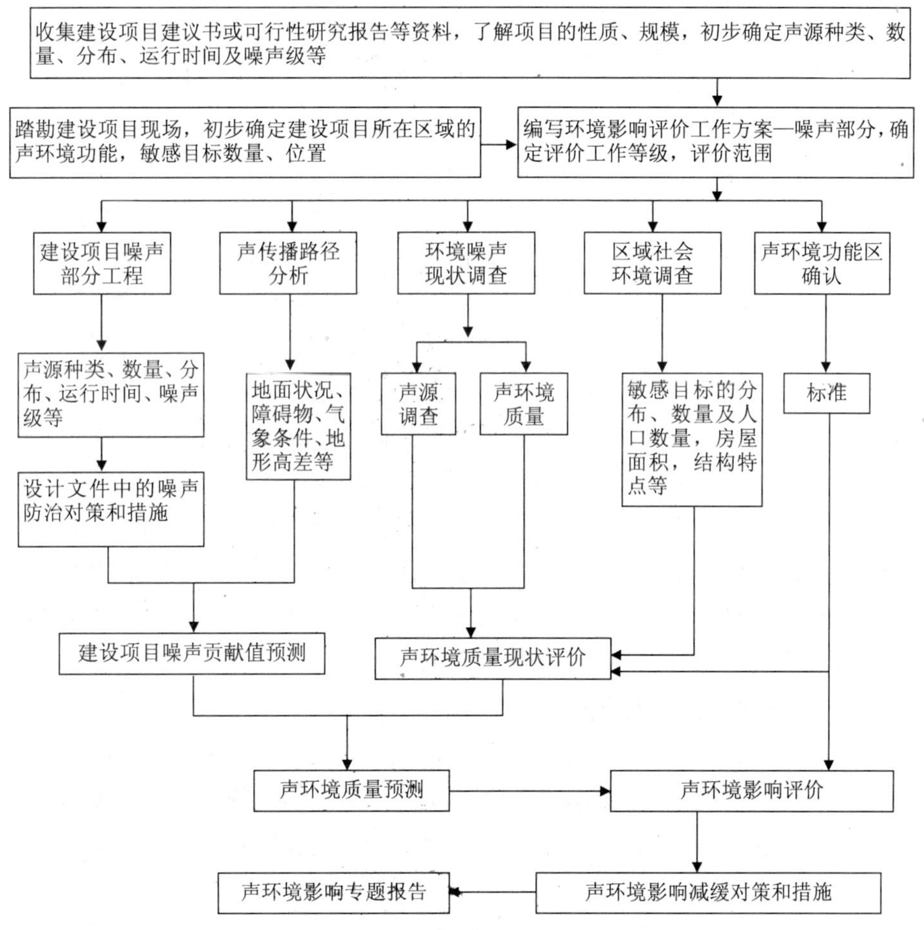

图 7.2　声环境影响评价工作程序

六、声环境影响评价时段

根据建设项目实施过程中噪声的影响特点，可按施工期和运行期分别开展声环境影响评价。

运行期声源为固定声源时，固定声源投产运行后作为环境影响评价时段；运行期声源为流动声源时，将工程预测的代表性时段（一般分为运行近期、中期、远期）分别作为环境影响评价时段。

七、声环境影响评价范围和基本要求

1．评价范围的确定

声环境影响评价范围依据评价工作等级确定。

对于以固定声源为主的建设项目（如工厂、港口、施工工地、铁路站场等）：满足一级评价的要求，一般以建设项目边界向外 200 m 为评价范围；二级、三级评价范围可根据建设项目所在区域和相邻区域的声环境功能区类别及敏感目标等实际情况适当缩小。如依据建设项目声源计算得到的贡献值到 200 m 处仍不能满足相应功能区标准值时，应将评价范围扩大到满足标准值的距离。

对于城市道路、公路、铁路、城市轨道交通地上线路和水运线路等建设项目：满足一级评价的要求，一般以道路中心线外两侧 200 m 以内为评价范围；二级、三级评价范围可根据建设项目所在区域和相邻区域的声环境功能区类别及敏感目标等实际情况适当缩小。如依据建设项目声源计算得到的贡献值到 200 m 处仍不能满足相应功能区标准值时，应将评价范围扩大到满足标准值的距离。

对于机场周围飞机噪声评价范围应根据飞行量计算到 L_{WECPN} 为 70 dB 的区域：满足一级评价的要求，一般以主要航迹离跑道两端各 6～12 km、侧向各 1～2 km 的范围为评价范围；二级、三级评价范围可根据建设项目所处区域的声环境功能区类别及敏感目标等实际情况适当缩小。

2．一级评价的基本要求

（1）在工程分析中，给出建设项目对环境有影响的主要声源的数量、位置和声源源强，并在标有比例尺的图中标识固定声源的具体位置或流动声源的路线、跑道等位置。在缺少声源源强的相关资料时，应通过类比测量取得，并给出类比测量的条件。

（2）评价范围内具有代表性的敏感目标的声环境质量现状需要实测。对实测结果进行评价，并分析现状声源的构成及其对敏感目标的影响。

（3）噪声预测应覆盖全部敏感目标，给出各敏感目标的预测值及厂界（或场界、边界）噪声值。固定声源评价、机场周围飞机噪声评价、流动声源经过城镇建成区和规划区路段的评价应绘制等声级线图，当敏感目标高于（含）三层建筑时，还应绘制垂直方向的等声级线图。给出建设项目建成后不同类别的声环境功能区内受影响的人口分布、噪声超标的范围和程度。

（4）对于工程预测的不同代表性时段噪声级可能发生变化的建设项目，应分别预测其不同时段的噪声级。

（5）对工程可行性研究和评价中提出的不同选址（选线）和建设布局方案，应根据不同方案噪声影响人口的数量和噪声影响的程度进行比选，并从声环境保护角度提出最终的推荐方案。

（6）针对建设项目的工程特点和所在区域的环境特征提出噪声防治措施，并进行经济、技术可行性论证，明确防治措施的最终降噪效果和达标分析。

3．二级评价的基本要求

（1）在工程分析中，给出建设项目对环境有影响的主要声源的数量、位置和声源源强，并在标有比例尺的图中标识固定声源的具体位置或流动声源的路线、跑道等位置。在缺少声源源强的相关资料时，应通过类比测量取得，并给出类比测量的条件。

（2）评价范围内具有代表性的敏感目标的声环境质量现状以实测为主，可适当利用评价范围内已有的声环境质量监测资料，并对声环境质量现状进行评价。

（3）噪声预测应覆盖全部敏感目标，给出各敏感目标的预测值及厂界（或场界、边界）噪声值，根据评价需要绘制等声级线图。给出建设项目建成后不同类别的声环境功能区内受影响的人口分布、噪声超标的范围和程度。

（4）对于工程预测的不同代表性时段噪声级可能发生变化的建设项目，应分别预测其不同时段的噪声级。

（5）从声环境保护角度对工程可行性研究和评价中提出的不同选址（选线）和建设布局方案的环境合理性进行分析。

（6）针对建设项目的工程特点和所在区域的环境特征提出噪声防治措施，并进行经济、技术可行性论证，给出防治措施的最终降噪效果和达标分析。

4．三级评价的基本要求

（1）在工程分析中，给出建设项目对环境有影响的主要声源的数量、位置和声源源强，并在标有比例尺的图中标识固定声源的具体位置或流动声源的路线、跑道等位置。在缺少声源源强的相关资料时，应通过类比测量取得，并给出类比测量的条件。

（2）重点调查评价范围内主要敏感目标的声环境质量现状，可利用评价范围内已有的声环境质量监测资料，若无现状监测资料时应进行实测，并对声环境质量现状进行评价。

（3）噪声预测应给出建设项目建成后各敏感目标的预测值及厂界（或场界、边界）噪声值，分析敏感目标受影响的范围和程度。

（4）针对建设项目的工程特点和所在区域的环境特征提出噪声防治措施，并进行达标分析。

八、声环境现状调查和评价

1. 主要调查内容

（1）影响声波传播的环境要素

调查建设项目所在区域的主要气象特征：年平均风速和主导风向，年平均气温，年平均相对湿度等。

收集评价范围内 1∶2 000～1∶50 000 地理地形图，说明评价范围内声源和敏感目标之间的地貌特征、地形高差及影响声波传播的环境要素。

（2）声环境功能区划

调查评价范围内不同区域的声环境功能区划情况，调查各声环境功能区的声环境质量现状。

（3）敏感目标

调查评价范围内的敏感目标的名称、规模、人口的分布等情况，并以图、表相结合的方式说明敏感目标与建设项目的关系（如方位、距离、高差等）。

（4）现状声源

建设项目所在区域的声环境功能区的声环境质量现状超过相应标准要求或噪声值相对较高时，需对区域内的主要声源的名称、数量、位置、影响的噪声级等相关情况进行调查。

有厂界（或场界、边界）噪声的改、扩建项目，应说明现有建设项目厂界（或场界、边界）噪声的超标、达标情况及超标原因。

2. 调查方法

环境现状调查的基本方法是：收集资料法，现场调查法，现场测量法。

评价时，应根据评价工作等级的要求确定需采用的具体方法。

3. 现状监测

（1）监测布点原则

1）布点应覆盖整个评价范围，包括厂界（或场界、边界）和敏感目标。当敏感目标高于（含）三层建筑时，还应选取有代表性的不同楼层设置测点。

2）评价范围内没有明显的声源（如工业噪声、交通运输噪声、建设施工噪声、社会生活噪声等），且声级较低时，可选择有代表性的区域布设测点。

3）评价范围内有明显的声源，并对敏感目标的声环境质量有影响，或建设项目为改、扩建工程，应根据声源种类采取不同的监测布点原则。

① 当声源为固定声源时，现状测点应重点布设在可能既受到现有声源影响，又受到建设项目声源影响的敏感目标处，以及有代表性的敏感目标处；为满足预测需要，也可在距离现有声源不同距离处设衰减测点。

② 当声源为流动声源，且呈现线声源特点时，现状测点位置选取应兼顾敏感目标的分布状况、工程特点及线声源噪声影响随距离衰减的特点，布设在具有代表性的敏感目标处。为满足预测需要，也可选取若干线声源的垂线，在垂线上距声源不同距离处布设监测点。其余敏感目标的现状声级可通过具有代表性的敏感目标噪声的验证和计算求得。

③ 对于改、扩建机场工程，测点一般布设在主要敏感目标处，测点数量可根据机场飞行量及周围敏感目标情况确定，现有单条跑道、两条跑道或三条跑道的机场可分别布设 3～9 个、9～14 个或 12～18 个飞机噪声测点，跑道增多可进一步增加测点。其余敏感目标的现状飞机噪声声级可通过测点飞机噪声声级的验证和计算求得。

（2）监测执行的标准

依照不同的评价对象，执行相应的监测标准，如声环境质量监测执行 GB 3096，机场周围飞机噪声测量执行 GB 9661，工业企业厂界环境噪声测量执行 GB 12348，社会生活环境噪声测量执行 GB 22337，建筑施工场界噪声测量执行 GB 12524，铁路边界噪声测量执行 GB 12525，城市轨道交通车站站台噪声测量执行 GB 14227。

4．声环境现状评价

（1）以图、表结合的方式给出评价范围内的声环境功能区及其划分情况，以及现有敏感目标的分布情况。

（2）分析评价范围内现有主要声源种类、数量及相应的噪声级、噪声特性等，明确主要声源分布。

（3）分别评价不同类别的声环境功能区内各敏感目标的超标、达标情况，说明其受到现有主要声源的影响状况。

（4）给出不同类别的声环境功能区噪声超标范围内的人口数及分布情况。

第三节　声环境影响预测

一、声环境影响预测基本要求

一般预测范围与评价范围相同。建设项目厂界（或场界、边界）和评价范围内的敏感目标应作为预测点。

在进行噪声预测时，需要调查一些相关的基础资料，包括声源、声波传播途径等资料。

建设项目的声源资料主要包括：声源种类、数量、空间位置、噪声级、频率特性、发声持续时间和对敏感目标的作用时间段等。

影响声波传播的各类参量包括：建设项目所处区域的年平均风速和主导风向，年平均气温，年平均相对湿度；声源和预测点间的地形、高差；声源和预测点间障碍物（如建筑物、围墙等；若声源位于室内，还包括门、窗等）的位置及长、宽、高等数据；声源和预测点间树林、灌木等的分布情况，地面覆盖情况（如草地、水面、水泥地面、土质地面等）。

二、声环境预测步骤

先要建立坐标系，确定各声源坐标和预测点坐标，并根据声源性质以及预测点与声源之间的距离等情况，把声源简化成点声源、线声源或面声源。

根据已获得的声源源强的数据和各声源到预测点的声波传播条件资料，计算出噪声从各声源传播到预测点的声衰减量，由此计算出各声源单独作用在预测点时产生的 A 声级（L_{Ai}）或等效感觉噪声级（L_{EPN}）。

建设项目声源在预测点产生的等效声级贡献值可以用各个声源在预测时段的声级叠加值计算。

预测点的预测等效声级要在建设项目声源在预测点产生的等效声级贡献值基础上叠加背景值。

对于飞机场飞机噪声的计算，可以采取以下公式计算计权等效连续感觉噪声级（L_{WECPN}）：

$$L_{WECPN} = \overline{L_{EPN}} + 10\lg\left(N_1 + 3N_2 + 10N_3\right) - 39.4 \tag{7.10}$$

式中：N_1 —— 7:00—19:00 对某个预测点声环境产生噪声影响的飞行架次；

N_2 —— 19:00—22:00 对某个预测点声环境产生噪声影响的飞行架次；

N_3 —— 22:00—7:00 对某个预测点声环境产生噪声影响的飞行架次；

$\overline{L_{EPN}}$ —— N 次飞行有效感觉噪声级能量平均值（$N=N_1+N_2+N_3$），dB。

$\overline{L_{EPN}}$ 的计算公式：

$$\overline{L_{EPN}} = 10\lg\left(\frac{1}{N_1 + N_2 + N_3}\sum_i\sum_j 10^{0.1L_{EPNij}}\right) \tag{7.11}$$

式中：L_{EPNij} —— j 航路，第 i 架次飞机在预测点产生的有效感觉噪声级，dB。

三、户外声传播衰减计算

1．基本公式

户外声传播衰减包括几何发散（A_{div}）、大气吸收（A_{atm}）、地面效应（A_{gr}）、屏障屏蔽（A_{bar}）、其他多方面效应（A_{misc}）引起的衰减。

在环境影响评价中，应根据声源声功率级或靠近声源某一参考位置处的已知声级（如实测得到的）、户外声传播衰减计算距离声源较远处的预测点的声级。

在已知距离无指向性点声源参考点 r_0 处的倍频带（用 63 Hz～8 kHz 的 8 个标称倍频带中心频率）声压级和计算出参考点（r_0）和预测点（r）处之间的户外声传播衰减后，预测点 8 个倍频带声压级可用下式计算：

$$L_p(r) = L_p(r_0) - (A_{div}+A_{atm}+A_{bar}+A_{gr}+A_{misc}) \tag{7.12}$$

2．几何发散衰减

（1）点声源的几何发散衰减

1）无指向性点声源几何发散衰减的基本公式

$$L_P(r) = L_P(r_0) - 20\lg\frac{r}{r_0} \tag{7.13}$$

其中第二项表示了点声源的几何发散衰减：$A_{div} = 20\lg\frac{r}{r_0}$

如果已知点声源的倍频带声功率级（L_W）或 A 声功率级（L_{AW}），且声源处于自由声场，则式（7.13）等效为式（7.14）或式（7.15）：

$$L_P(r) = L_W - 20\lg r - 11 \tag{7.14}$$

$$L_A(r) = L_{AW} - 20\lg r - 11 \tag{7.15}$$

如果声源处于半自由声场，则式（7.13）等效为式（7.16）或式（7.17）：

$$L_P(r) = L_W - 20\lg r - 8 \tag{7.16}$$

$$L_A(r) = L_W - 20\lg r - 8 \tag{7.17}$$

2）具有指向性点声源几何发散衰减的计算公式

声源在自由空间中辐射声波时，其强度分布的一个主要特性是指向性。例如，喇叭发声，其正前方声音大，而侧面或背面小。

对于自由空间点声源，其在某一θ方向上距离 r 处倍频带声压级 $L_P(r)_\theta$：

$$L_P(r)_\theta = L_W - 20\lg r + D_{I\theta} - 11 \tag{7.18}$$

式中：$D_{I\theta}$ —— θ方向上的指向性指数，$D_{I\theta}=10\lg R_\theta$；

R_θ —— 指向性因数，$R_\theta = \frac{I_\theta}{I}$；

I —— 所有方向上的平均声强，W/m^2；

I_θ —— 某一θ方向上的声强，W/m^2。

3）反射体引起的修正（ΔL_r）

如图 7.3 所示，当点声源与预测点处在反射体同侧附近时，到达预测点的声级是直达声与反射声叠加的结果，从而使预测点声级增高。

当满足下列条件时，需考虑反射体引起的声级增高：反射体表面平整光滑、坚硬；反射体尺寸远远大于所有声波波长λ；入射角θ＜85°。

$r_r-r_d \gg \lambda$，反射引起的修正量ΔL_r与r_r/r_d有关（r_d=SP，r_r=IP），当$r_r/r_d \approx 1$时，修正量为 3 dB；当$r_r/r_d \approx 1.4$时，修正量为 2 dB；当$r_r/r_d \approx 2$时，修正量为 1 dB；当$r_r/r_d > 2.5$时，修正量为 0 dB；

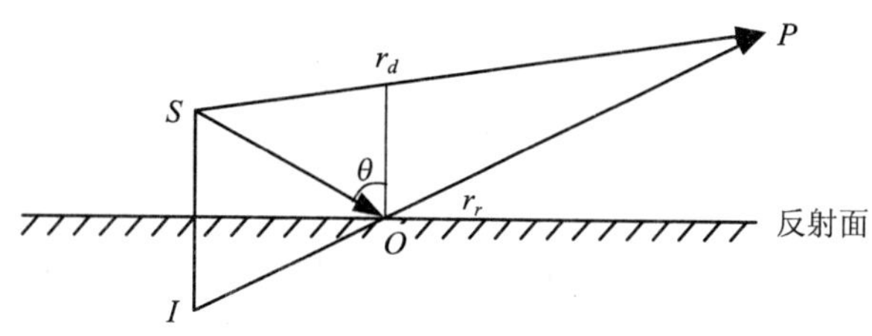

图 7.3　反射体的影响

（2）线声源的几何发散衰减

1）无限长线声源

无限长线声源几何发散衰减的基本公式是：

$$L_P(r) = L_P(r_0) - 10\lg\frac{r}{r_0} \tag{7.19}$$

上式中第二项表示了无限长线声源的几何发散衰减：

$$A_{\text{div}} = 10\lg\frac{r}{r_0} \tag{7.20}$$

2）有限长线声源

如图 7.4 所示，设线声源长度为 l_0，单位长度线声源辐射的倍频带声功率级为 L_w。在线声源垂直平分线上距声源 r 处的声压级为：

$$L_P(r) = L_W - 10\lg\left[\frac{1}{r}\operatorname{arctg}\left(\frac{l_0}{2r}\right)\right] + 8\text{，或 } L_P(r) = L_P(r_0) + 10\lg\frac{\frac{1}{r}\operatorname{arctg}\left(\frac{l_0}{2r}\right)}{\frac{1}{r_0}\operatorname{arctg}\left(\frac{l_0}{2r_0}\right)} \tag{7.21}$$

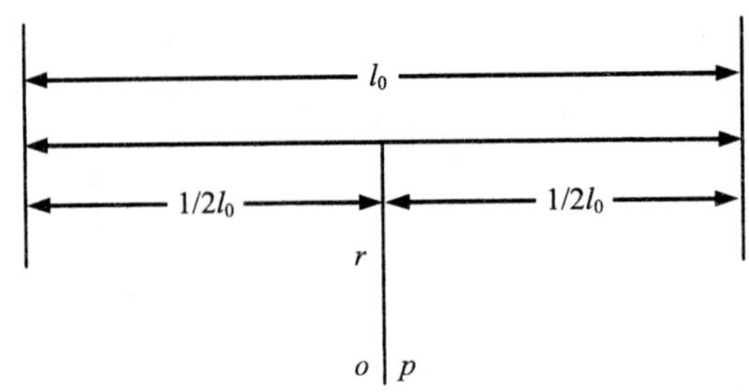

图 7.4 有限长线声源

当 $r>l_0$ 且 $r_0>l_0$ 时，式（7.21）可近似简化为：

$$L_p(r)=L_p(r_0)-20\lg\frac{r}{r_0} \tag{7.22}$$

即在有限长线声源的远场，有限长线声源可当做点声源处理。

当 $r<\frac{l_0}{3}$ 且 $r_0<\frac{l_0}{3}$ 时，式（7.21）可近似简化为：

$$L_p(r)=L_p(r_0)-10\lg\frac{r}{r_0} \tag{7.23}$$

即在近场区，有限长线声源可当做无限长线声源处理。

当 $\frac{l_0}{3}<r<l_0$，且 $\frac{l_0}{3}<r_0<l_0$ 时，式（7.21）可作近似计算：

$$L_p(r)=L_p(r_0)-15\lg\frac{r}{r_0} \tag{7.24}$$

3. 空气吸收引起的衰减

空气吸收引起的衰减按下式计算：

$$A_{\text{atm}}=\frac{a(r-r_0)}{1\,000} \tag{7.25}$$

式中：a——温度、湿度和声波频率的函数，预测计算中一般根据建设项目所处区域常年平均气温和湿度选择相应的空气吸收系数（见表 7.3）。

表 7.3　倍频带噪声的大气吸收衰减系数 a　　单位：dB/km

温度/℃	相对湿度/%	倍频带中心频率							
		63 Hz	125 Hz	250 Hz	500 Hz	1 000 Hz	2 000 Hz	4 000 Hz	8 000 Hz
10	70	0.1	0.4	1.0	1.9	3.7	9.7	32.8	117.0
20	70	0.1	0.3	1.1	2.8	5.0	9.0	22.9	76.6
30	70	0.1	0.3	1.0	3.1	7.4	12.7	23.1	59.3
15	20	0.3	0.6	1.2	2.7	8.2	28.2	28.8	202.0
15	50	0.1	0.5	1.2	2.2	4.2	10.8	36.2	129.0
15	80	0.1	0.3	1.1	2.4	4.1	8.3	23.7	82.8

4．地面效应衰减

声波越过疏松地面或大部分为疏松地面的混合地面传播时，在预测点仅计算A声级前提下，需要考虑地面效应引起的倍频带衰减。

地面类型可以分为以下三种：坚实地面，包括铺筑过的路面、水面、冰面以及夯实地面；疏松地面，包括被草或其他植物覆盖的地面，以及农田等适合于植物生长的地面；混合地面，由坚实地面和疏松地面组成。

5．屏障引起的衰减

位于声源和预测点之间的实体障碍物，如围墙、建筑物、土坡或地堑等，起声屏障作用，从而引起声能量的较大衰减。在环境影响评价中，可将各种形式的屏障简化为具有一定高度的薄屏障。

如图 7.5 所示，S、O、P 三点在同一平面内且垂直于地面。

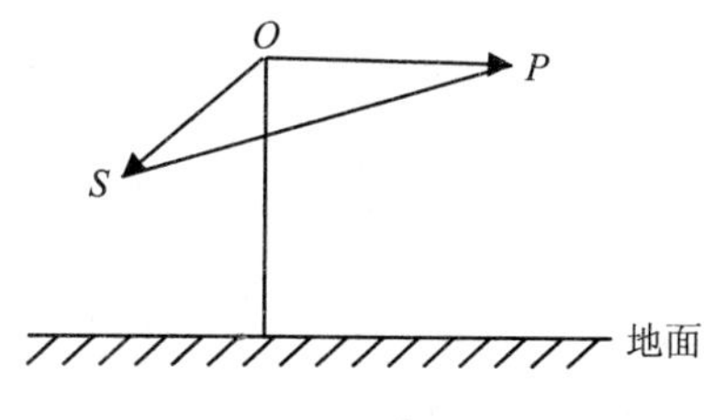

图 7.5　声屏障示意

定义$\delta = SO + OP - SP$为声程差，$N=2\delta/\lambda$为菲涅尔数，其中λ为声波波长。

在噪声预测中，声屏障插入损失的计算方法需要根据实际情况作简化处理。

（1）有限长薄屏障在点声源声场中引起的衰减计算

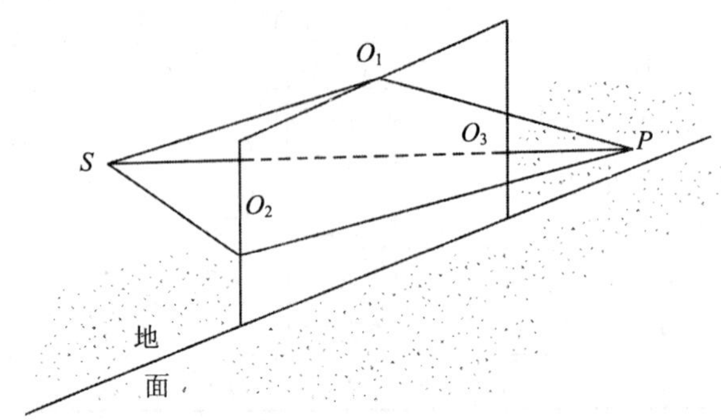

图 7.6 有限长薄屏障在点声源声场中引起的衰减

① 首先计算图 7.6 所示三个传播途径的声程差δ_1，δ_2，δ_3和相应的菲涅尔数N_1，N_2，N_3。

② 声屏障引起的衰减按式（7.26）计算：

$$A_{\text{bar}} = -10\lg\left[\frac{1}{3+20N_1}+\frac{1}{3+20N_2}+\frac{1}{3+20N_3}\right] \tag{7.26}$$

当屏障很长（作无限长处理）时，则可简化为：

$$A_{\text{bar}} = -10\lg\left[\frac{1}{3+20N_1}\right] \tag{7.27}$$

（2）双绕射计算

对于图 7.7 所示的双绕射情景，计算绕射声与直达声之间的声程差δ：

$$\delta = \left[\left(d_{\text{ss}}+d_{\text{sr}}+e\right)^2+a^2\right]^{\frac{1}{2}}-d \tag{7.28}$$

式中：a—— 声源和接收点之间的距离在平行于屏障上边界的投影长度，m；

d_{ss}—— 声源到第一绕射边的距离，m；

d_{sr}——（第二）绕射边到接收点的距离，m；

e—— 在双绕射情况下两个绕射边界之间的距离，m。

在任何频带上，屏障衰减A_{bar}在单绕射（即薄屏障）情况，衰减最大取 20 dB；屏障衰减A_{bar}在双绕射（即厚屏障）情况，衰减最大取 25 dB。计算了屏障衰减后，不再考虑地面效应衰减。

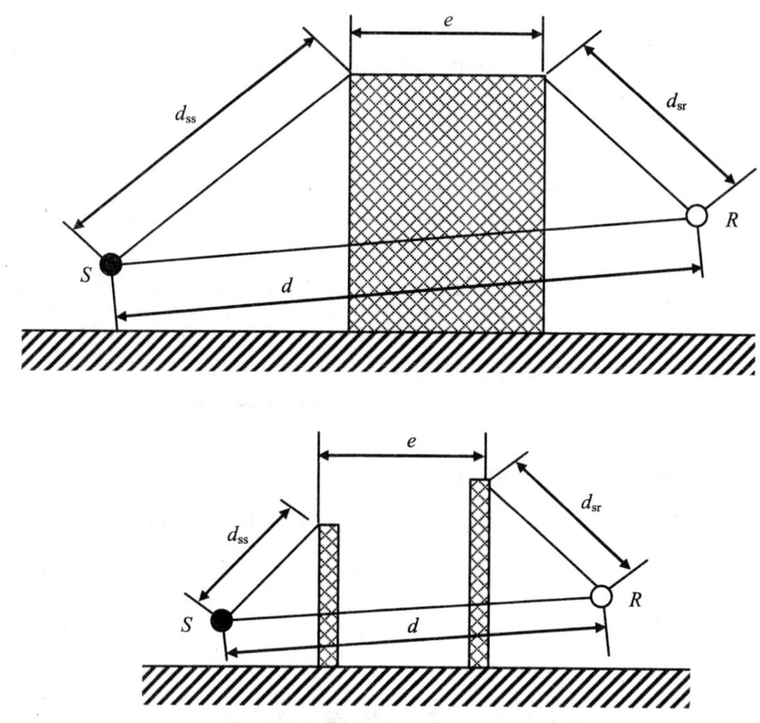

图 7.7　利用建筑物、土堤作为厚屏障的双绕射情景

6. 绿化林带噪声衰减计算

绿化林带的附加衰减与树种、林带结构和密度等因素有关。在声源附近的绿化林带，或在预测点附近的绿化林带，或两者均有的情况都可以使声波衰减，如图 7.8 所示。

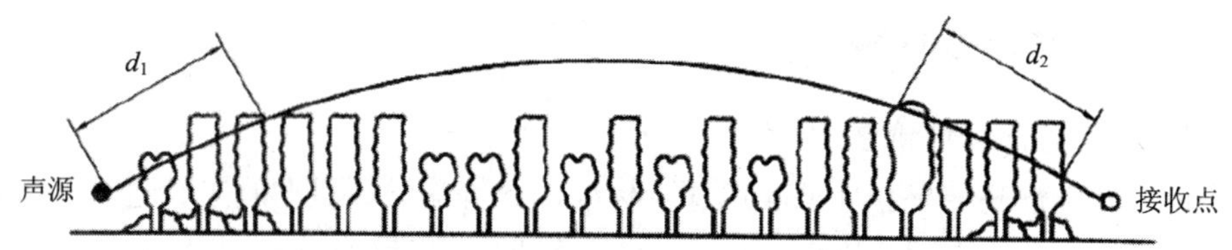

图 7.8　通过树和灌木时噪声衰减示意

通过树叶传播造成的噪声衰减随通过树叶传播距离 d_f 的增长而增加，其中 $d_f=d_1+d_2$，为了计算 d_1 和 d_2，可假设弯曲路径的半径为 5 km。

表 7.4 中的第一行给出了通过总长度为 10～20 m 的密叶时，由密叶引起的衰减；第二行为通过总长度 20～200 m 密叶时的衰减系数；当通过密叶的路径长度大于 200 m 时，可使用 200 m 的衰减值。

表 7.4 倍频带噪声通过密叶传播时产生的衰减

项目	传播距离 d_f/m	倍频带中心频率							
		63Hz	125Hz	250Hz	500Hz	1 000Hz	2 000Hz	4 000Hz	8 000Hz
衰减/dB	$10 \leqslant d_f < 20$	0	0	1	1	1	1	2	3
衰减系数/（dB/m）	$20 \leqslant d_f < 200$	0.02	0.03	0.04	0.05	0.06	0.08	0.09	0.12

7．其他多方面原因引起的衰减

其他衰减包括通过工业场所的衰减；通过房屋群的衰减等。在声环境影响评价中，一般情况下，不考虑自然条件（如风、温度梯度、雾）变化引起的附加修正。

第四节　声环境影响评价

一、评价标准的确定

应根据声源的类别和建设项目所处的声环境功能区等确定声环境影响评价标准。

二、评价的主要内容

1．评价方法和评价量

根据噪声预测结果和环境噪声评价标准，评价建设项目在施工、运行期噪声的影响程度、影响范围，给出边界（厂界、场界）及敏感目标的达标分析。

进行边界噪声评价时，新建建设项目以工程噪声贡献值作为评价量；改、扩建建设项目以工程噪声贡献值与受到现有工程影响的边界噪声值叠加后的预测值作为评价量。

进行敏感目标噪声环境影响评价时，以敏感目标所受的噪声贡献值与背景噪声值叠加后的预测值作为评价量。对于改、扩建的公路、铁路等建设项目，如预测噪声贡献值时已包括了现有声源的影响，则以预测的噪声贡献值作为评价量。

2．影响范围、影响程度分析

给出评价范围内不同声级范围覆盖下的面积，主要建筑物类型、名称、数量及位置，影响的户数、人口数。

3．噪声超标原因分析

分析建设项目边界（厂界、场界）及敏感目标噪声超标的原因，明确引起超标的主要声源。对于通过城镇建成区和规划区的路段，还应分析建设项目与敏感目标间的距离是否符合城市规划部门提出的防噪声距离。

4．对策建议

分析建设项目的选址（选线）、规划布局和设备选型等的合理性，评价噪声防治对策的适用性和防治效果，提出需要增加的噪声防治对策、噪声污染管理、噪声监测及跟踪评价等方面的建议，并进行技术、经济可行性论证。

三、噪声防治对策

1．噪声防治措施的一般要求

① 工业（工矿企业和事业单位）建设项目噪声防治措施应针对建设项目投产后噪声影响的最大预测值制订，以满足厂界（或场界、边界）和厂界外敏感目标（或声环境功能区）的达标要求。

② 交通运输类建设项目（如公路、铁路、城市轨道交通、机场项目等）的噪声防治措施应针对建设项目不同代表性时段的噪声影响预测值分期制订，以满足声环境功能区及敏感目标功能要求。其中，铁路建设项目的噪声防治措施还应同时满足铁路边界噪声排放标准要求。

2．防治途径

（1）规划防治对策

主要指从建设项目的选址（选线）、规划布局、总图布置和设备布局等方面进行调整，提出减少噪声影响的建议。如采用“闹静分开”和“合理布局”的设计原则，使高噪声设备尽可能远离噪声敏感区；建议建设项目重新选址（选线）或提出城乡规划中有关防止噪声的建议等。

（2）技术防治措施

1）声源上降低噪声的措施

改进机械设计，如在设计和制造过程中选用发声小的材料来制造机件，改进设备结构和形状、改进传动装置以及选用已有的低噪声设备等；采取声学控制措施，如对声源采用消声、隔声、隔振和减振等措施；维持设备处于良好的运转状态；改革工艺、设施结构和操作方法等。

2）噪声传播途径上降低噪声措施

在噪声传播途径上增设吸声、声屏障等措施；利用自然地形物（如利用位于声源和噪声敏感区之间的山丘、土坡、地堑、围墙等）降低噪声；将声源设置于地下或半地下的室内等；合理布局声源，使声源远离敏感目标等。

3）敏感目标自身防护措施

受声者自身增设吸声、隔声等措施；合理布局噪声敏感区中的建筑物功能和合理调整建筑物平面布局。

（3）管理措施

管理措施主要包括提出环境噪声管理方案（如制订合理的施工方案、优化飞行程序等），制订噪声监测方案，提出降噪减噪设施的使用运行、维护保养等方面的管理要求，提出跟踪评价要求等。

四、规划环境影响评价中声环境影响评价要求

1．资料分析

收集规划文本、规划图件和声环境影响评价的相关资料，分析规划方案的主要声源及可能受影响的敏感目标的分布等情况。

2．现状调查、监测与评价

（1）现状调查以收集资料为主，当资料不全时，可视情况进行必要的补充监测。

（2）现状调查的主要内容如下：

① 调查规划范围内现有主要声源的数量、种类、分布及噪声特性。

② 调查规划及其影响范围内主要敏感目标的类型、分布及规模等。

③ 以图、表结合的方式说明规划及其影响范围内不同区域的土地使用功能和声环境功能区划，以及各功能区的声环境质量状况。

④ 对规划及其影响范围内环境噪声、工业噪声、交通运输噪声、建筑施工噪

声和不同声环境功能区代表点分别进行昼间和夜间监测。

⑤ 根据现状调查与噪声监测结果进行规划及其影响范围内的声环境现状评价。

3．声环境影响分析

通过规划资料及对规划区内环境规划资料的分析，预测规划实施后区域声环境质量的时空变化。包括规划的交通运输噪声影响预测、区域环境噪声影响预测、主要敏感目标噪声影响预测等。

4．声环境功能区划分和调整

根据规划区内主要敏感目标的分布、声环境影响评价结果和区域总体规划，按城市区域环境噪声适用区划分技术规范进行划分。

5．噪声污染防治对策和建议

规划环境影响评价中的噪声污染防治对策和建议可在“闹静分隔”和“以人为本”的原则指导下，从区域土地使用功能调整、交通运输线路布局调整、设置合理的噪声防护距离、建设隔声屏障、声环境敏感建筑物的隔声要求等方面提出相应的对策和建议。

五、声环境影响评价专题文件的编写要求

1．环境影响评价工作方案—声环境部分

（1）方案应重点明确开展噪声评价工作的具体内容及实施方案

（2）方案应在初步进行工程分析和环境现状调查的基础上编制

（3）方案应包括的主要内容

① 建设项目概况和工程分析：重点给出声源种类、数量、分布、运行时间及噪声级等基本情况。

② 区域环境概况调查：确定调查的范围和内容，重点说明建设项目周边的声环境功能区划分情况和声环境质量要求、主要环境声源、敏感目标的数量、位置等内容。

③ 确定声环境影响评价的工作等级和评价范围，给出评价量和评价标准。

④ 环境质量现状监测：明确监测的范围、测量量、测点数量、位置、监测时段及监测频次等。

⑤ 环境影响预测和评价：确定预测和评价的范围和内容、选用的预测模型、预测时段及有关声源源强等参数的估算方法。

⑥ 给出结论和建议的基本内容。

⑦ 评价工作的组织、计划安排和经费概算。

⑧ 附建设项目和敏感点关系图，现状测点位置图等。

2. 环境影响报告书—声环境影响专题报告

（1）专题报告要求

专题报告应做到提供的资料齐全、可靠，论据清楚，结论明确；文字简洁、准确，图文并茂；既能全面、概括地表述声环境影响评价的全部工作，又利于阅读和审查。

（2）专题报告书要求

专题报告书应说明建设项目声环境影响的范围和程度；明确建设项目在不同实施阶段能否满足声环境保护要求的结论；同时提出噪声防治措施。

（3）专题报告主要内容

1）总论

给出编制依据；评价工作等级、评价范围；执行的声环境质量标准及厂界（场界、边界）噪声排放标准；声环境敏感目标。

2）工程分析

重点明确建设项目主要声源数量、位置、源强、拟采取的噪声控制措施。

3）声环境现状调查与评价

说明评价范围内主要声源，声环境功能区划分情况；以图表的形式给出监测点位的名称和数量；说明监测仪器、监测时间、监测方法及监测结果；分析敏感目标现状噪声超标情况、受噪声影响的人口数量和超标原因。改、扩建项目应对已有工程噪声现状进行重点分析与评价。

4）声环境影响预测和评价

明确预测时段、预测基础资料、预测方法、声源数量、源强；给出建设项目在不同时段下厂界（场界、边界）噪声达标、超标情况及超标原因；敏感目标超标情况及影响的人数。

5）噪声防治对策

提出需要增加的、适用于建设项目的噪声防治对策，给出各项措施的降噪效果及投资估算，并分析其经济、技术的可行性。提出建设项目的有关噪声污染管理、监测及跟踪评价要求等方面的建议。

6）声环境影响评价结论

7）附件

给出引用资料的来源、时间、类比条件等。给出声源和敏感点位置关系图及敏感点照片等。

思考题

1．如何确定声环境影响评价范围？

2．进行声环境影响评价有哪些基本要求？

3．简述声环境现状调查的主要调查内容和调查方法。

4．简述环境噪声现状监测布点原则。

5．简述声环境现状评价的基本内容。

6．分析噪声技术防治措施。

第八章　区域环境影响评价

第一节　概　论

一、区域环境影响评价的概念

随着我国经济建设的迅猛发展，出现了众多区域性开发建设项目，如经济技术开发区、高新技术产业开发区、旅游度假区、仓储保税区及边贸开发区等，即在一个相同的地区和相近的时间内相继开展多个建设项目。这时，如果分别对各建设项目进行环境影响评价，则不能准确预测最终的环境变化，也不能说明区域开发的总体环境影响，也就不可能采取合理的环境保护对策，难以保证环境质量目标的实现。因此，应把此类开发建设项目看作一个整体，考虑所有的区域开发建设行为，开展区域开发环境影响评价，简称区域环境影响评价。简言之，区域环境影响评价就是在一定区域内以可持续发展的观点，从整体上综合考虑区域内拟开展的各种社会经济活动对环境产生的影响，并据此制订和选择维护区域良性循环、实现可持续发展的最佳行动规划或方案，同时也为区域开发规划和管理提供决策依据。

1998 年 11 月颁布的《建设项目环境保护管理条例》第五章第三十一条规定“流域开发、开发区建设、城市新区建设和旧区改建等区域开发，编制建设规划时，应当进行环境影响评价。”由此进一步明确了区域环境影响评价的对象和时段，并为开展区域环境影响评价提供了法律依据。

2003 年实施的《开发区区域环境影响评价技术导则》中，给出了经济技术开发区、高新技术产业开发区、保税区、边境经济合作区、旅游度假区等区域开发以及工业园区等类似区域开发时环境影响评价的一般性原则、内容、方法和要求。

二、区域环境影响评价的特点

区域开发活动一般都是在短期内集中大量的人力、资金、能源等必要的资源，具有规模大、开发强度高及经济密度高于一般地区的特点，往往使土地使用功能短期内发生巨大变化。区域开发活动的环境影响评价涉及因素多，层次复杂，相对于单项开发活动环境影响评价而言具有以下特点。

1．广泛性和复杂性

区域环境影响评价范围广，内容复杂，其范围在地域上、空间上、时间上均远远超过单个建设项目对环境的影响，一般小至几十平方公里，大至一个地区、一个流域，其影响涉及面包括区域内所有开发行为及其对自然、社会、经济和生态的全面影响。

2．战略性

区域影响评价是从区域发展规模、性质、产业布局、产业结构及功能布局、土地利用规划、污染物总量控制、污染综合治理等方面论述区域环境保护和经济发展的战略性对策。

3．不确定性

区域开发一般都是逐步、滚动发展的，在开发初期只能确定开发活动的基本规模、性质，而具体入区项目、污染源种类、污染物排放量等不确定性因素多。因此，区域环境影响评价具有一定的不确定性。

4．评价时间的超前性

区域环境影响评价应在区域环境规划、区域开发活动详细规划以前进行，作为区域开发活动决策不可缺少的参考依据，只有在超前的区域环境影响评价的基础上才能真正实现区域内未来项目的合理布局，以最小的环境损失获得最佳社会、经济和生态目标。

5．评价方法多样化、定性和定量相结合

由于区域开发活动往往涉及较大的地域、较多的人口，对区域的社会、经济发展有较大影响，同时区域开发活动是破坏一个旧的生态系统和建立一个新系统的过程，因此社会和生态环境影响评价应是区域环境影响评价的一个重点。

三、区域环境影响评价的主要类型

区域环境影响评价的类型与环境规划的类型是相互对应的。一般来讲，制订某种类型的环境规划，就应开展相同类型的区域环境评价。

为了达到特定的目的和要求，根据评价的性质、行政区划、区域类型、环境要素等，可以把区域环境影响评价划分成若干类型，但与开发建设项目紧密相连的主要有以下两种。

1. 开发区建设环境影响评价

我国沿海省市开辟了一系列新经济开发区、高科技园区、保税区等，这些区域一般都有各自的经济发展规划，有的制订了区域环境规划，因此，应该在此基础上开展相应的区域环境影响评价。

2. 城市建设与开发环境影响评价

城市建设与开发包括城市新区建设与老区改造，前者主要是具有相当规模的居住、金融、商贸和娱乐区域的开发，以及城市化过程中的城镇建设；后者的显著特点是依托现有工业基地，以老骨干企业为主，利用它们的经济基础和技术优势进行新建、扩建和改造，以扩大再生产，从而形成了许多以大型企业为主的老工业开发区。

此外，根据《建设项目环境保护管理条例》的规定，流域开发也属于区域开发。

四、区域环境影响评价的原则

区域环境影响评价是区域规划的重要组成部分，着重研究环境质量现状、确定区域环境要素的容量以及预测开发活动的影响。因此，它是一项科学性、综合性、预测性、规划性和实用性很强的工作，应遵循如下原则。

1. 同一性原则

要把区域环境影响评价纳入环境规划之中，应在制订环境规划的同时开展区域环境影响评价工作。

2. 整体性原则

区域评价涉及协调和解决开发建设活动中产生的各种环境问题，包括所有产生污染和生态破坏的各个部门、地区和建设单位。应全面评价各建设项目的开发行为以及各开发项目之间的相互影响，因此必须从整体观点认识和解决环境影响问题。不但要提出各建设项目的环境保护措施，还要提出区域开发集中控制的方案对策。

3．综合性原则

在区域内广大地区和空间范围内，评价工作不仅要考虑社会环境，还要考虑自然环境以及对生活质量的影响。因此在评价分析中必须强调采用综合的方法，以期得到正确的评价结论。

4．战略性原则

区域环境影响评价不仅要评价区域开发活动对周围环境的污染影响，还应从战略层次评价区域开发活动与其所在区域的发展规划的一致性，区域开发活动内部功能布局的合理性，并遵循总量控制的思想提出开发区入区项目和限制项目的划分原则，污染物排放控制总量和削减方案。

5．实用性原则

区域环境影响评价的实用性集中在制订优化方案和污染防治对策方面，应该是技术上可行、经济上合理、效果上可靠，能为建设部门所采纳。

6．可持续性原则

区域开发活动往往是一个长期滚动的发展过程，因此，在区域环境影响评价中，不仅要从可持续发展角度评价区域开发活动对环境的影响，而且更重要的是应该通过对区域开发活动及其环境影响的分析与评价，帮助建立一种具有可持续改进功能的环境管理体制，以确保区域开发的可持续性。

五、区域环境影响评价的目的及意义

区域开发活动是在一定地域范围内有计划地进行一系列开发建设活动，因此区域环境影响评价的对象是区域内所有的拟开发建设行为。其目的是通过区域开发活动环境影响评价以完善区域开发活动规划，保证区域开发的可持续发展。通常情况下，区域环境影响评价发生在区域开发规划纲要编制之后和区域开发规划方案确定之前。在实际工作中，区域开发规划设计方案编制和环境影响报告书编制是一个交互过程，环境影响评价在区域开发规划的一开始就介入，从区域环境特征等因素出发，考虑区域开发性质、规划和布局，帮助制订区域开发规划方案，并对形成的每一个方案进行评价，提出修改意见，对修改后的方案进行环境影响分析，直至帮助最终形成区域经济发展与区域环境保护协调的区域开发规划和区域环境管理规划，促进整个区域开发的可持续性。

根据区域环境影响评价在区域开发规划与区域环境管理中的地位和作用，区域开发活动的环境影响评价具有如下重要意义。

（1）区域环境影响评价从宏观角度对区域开发活动的选址、规模、性质的可行性进行论证，避免重大决策失误，最大限度地减少对区域自然生态环境和资源的破坏。通过区域环境影响评价，可为区域开发各功能的合理布局、入区项目的筛选提供决策依据。

（2）通过区域环境影响评价，有助于了解区域的环境状况和区域开发带来的环境问题，从而有助于区域环境污染总量控制规划和建立区域环境保护管理体系，促进区域真正的可持续发展。

（3）区域环境影响评价可以作为单项入区项目的审批依据和区域内单项工程评价的基础和依据，减少各单项工程环境影响评价的工作内容，也使单项工程的环境影响评价兼顾区域宏观特征，使其更具科学性、指导性，同时缩短其工作周期。

第二节 区域环境影响评价程序与内容

一、区域环境影响评价工作程序

区域环境影响评价与建设项目环境影响评价工作程序基本相同，大体分为三个阶段，即准备阶段、评价工作阶段和报告书编写阶段。

应该说明的是，区域开发建设项目涉及多项目、多单位，不仅需要评价现状，而且需要预测和规划未来，协调项目间的相互关系，合理确定污染分担率。因此，为使区域环境评价工作成果更有针对性和符合实际，应在评价中间阶段提交阶段性中间报告，向建设单位、环保主管部门通报情况和预审，以便完善充实，修订最终报告。

区域环境影响评价技术路线如图 8.1 所示。

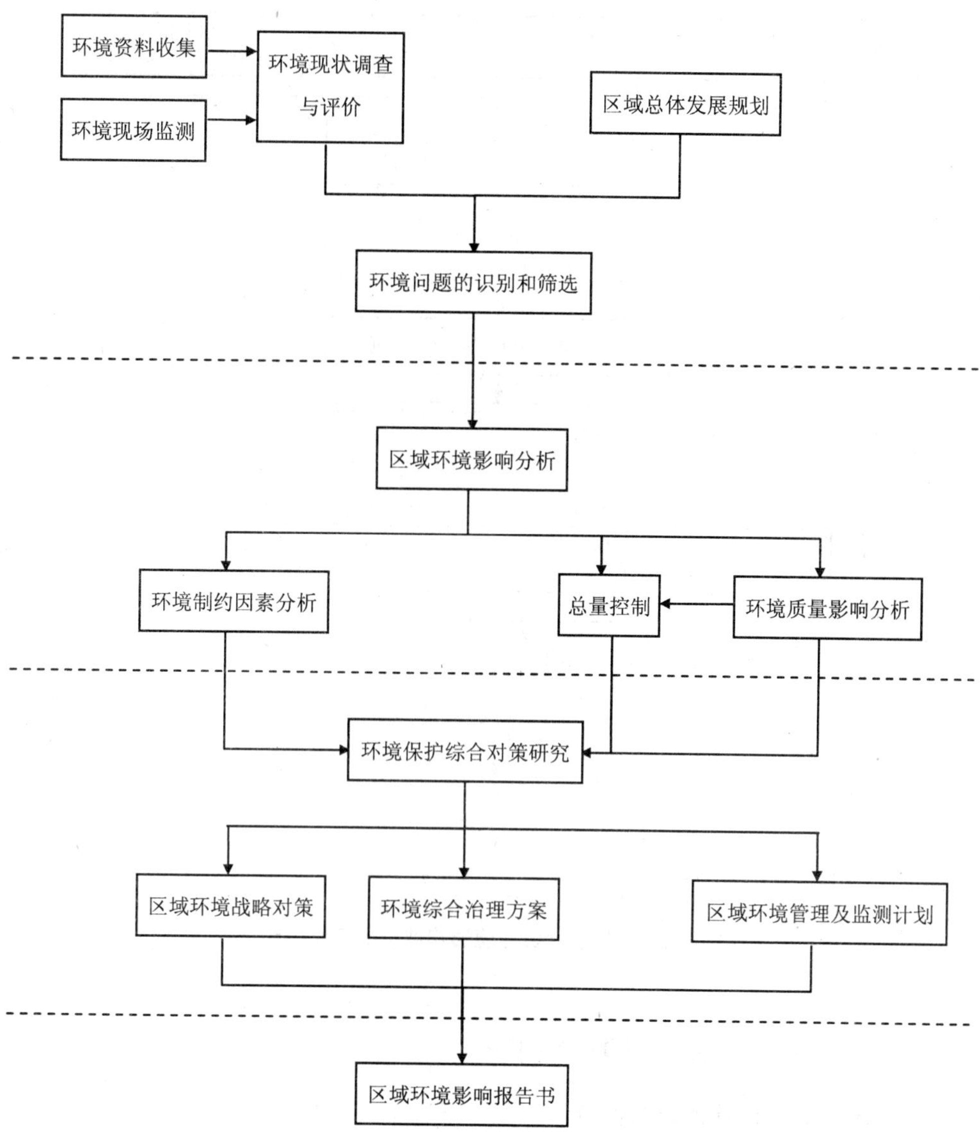

图 8.1　区域环境影响评价技术路线

在《开发区区域环境影响评价技术导则》中，也给出了开发区区域环境影响评价的工作程序，和一般性的区域环境影响评价技术路线有相同之处，也有不同之处，如图 8.2 所示。

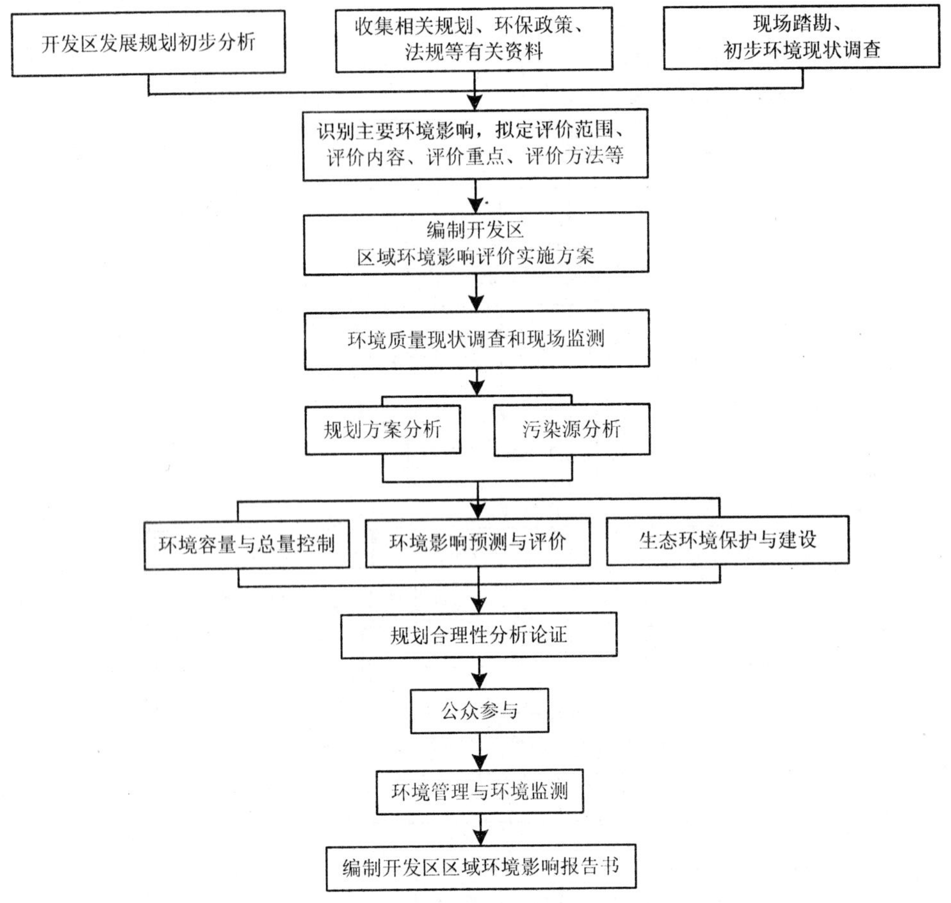

图 8.2 开发区区域环境影响评价的工作程序

二、区域环境影响评价的基本内容

1. 区域环境现状调查与评价

区域环境现状调查主要包括区域环境背景资料的收集和区域环境现场监测两种方式。调查的内容包括开发区域及周围地区的社会经济状况、自然环境、生态环境和生活质量等。区域环境监测包括对大气、水体、土壤、生态和噪声的现状监测及其背景值的研究。区域环境现状评价就是在现状调查的基础上，根据环境监测数据，以国家和地方环境质量标准为依据，运用一定的评价方法给出区域环境现状的结论。

2．区域总体发展规划

区域总体发展规划是为确定区域性质、规模、发展方向，通过合理利用区域土地，协调空间布局和各项建设，实现区域经济和社会发展目标而进行的综合部署。区域总体规划侧重于从区域形态设计上落实经济、社会发展目标，环境的保护与建设是其中的重要内容，它同环境现状调查与评价一样，作为区域开发中环境问题识别与筛选的依据和基础，同时，区域环境影响评价也需要对其发展规划的合理性、可行性给出评价和建议。

3．环境问题的识别和筛选

依据区域环境现状质量评价结论、区域资源特点及区域社会经济发展目标，识别、筛选出该区域开发建设的主要环境问题及环境影响因子。

4．区域环境影响分析

区域环境影响分析是在区域环境问题的识别和筛选的基础上，分析区域开发活动对区域环境的影响，为做出最终的环境影响评价做准备，主要包括区域环境污染物总量控制分析和区域环境制约因素分析两方面。

5．环境保护综合对策研究

（1）区域环境战略对策：主要任务是保证区域环境系统与区域社会、经济发展相协调。通过以资源合理开发利用为主要内容的宏观环境分析提出相应的协调因子和宏观总量控制目标，并指导各环境要素的详细评价。

（2）环境综合治理方案：首先要从经济和环境两个方面进行全面规划，尽量减少污染物排放量；其次是合理布局，充分利用各地区的环境容量，对必须进行治理的污染物采取集中处理和分散治理相结合的原则，用最小的环境投资取得最大的环境效益，用一整套污染综合防治办法经济地、有效地解决经济建设中的环境污染问题。

（3）区域环境管理计划：是为保证环境功能的实施而制订的必要的环境管理措施和规定。

6．环境影响评价重点

（1）识别开发区的区域开发活动可能带来的主要环境影响以及可能制约开发区发展的环境因素。

（2）分析确定开发区主要相关环境介质的环境容量，研究提出合理的污染物排放总量控制方案。

（3）从环境保护角度论证开发区环境保护方案，包括污染集中治理设施的规模、工艺和布局的合理性，优化污染物排放口及排放方式。

（4）对拟议的开发区各规划方案（包括开发区选址、功能区划、产业结构与布局、发展规模、基础设施建设、环保设施等）进行环境影响分析比较和综合论证，提出完善开发区规划的建议和对策。

三、区域环境影响评价报告书

由于区域环境开发涉及因素较多，层次复杂，具有战略性、复杂性、广泛性和不确定性等特点，每个区域都有自身的特点，所以很难给出一个固定不变的评价报告书格式。我们应根据开发区域自身的规模、类型、地理和开发特点等因素决定区域环境影响报告书的具体格式。区域环境影响报告书的编写，应按批复的环境影响评价大纲的要求进行，符合工作大纲规定的内容和深度。

以《开发区区域环境影响评价技术导则》为例，其中规定了开发区区域环境影响报告书的基本内容。

1. 环境影响报告书的基本内容

（1）编写环境影响报告书的基本要求

环境影响报告书应文字简洁，图文并茂，数据翔实，论点明确，论据充分，结论清晰准确。

（2）开发区区域环境影响报告书的基本章节

① 总论。

② 开发区总体规划和开发现状。

③ 环境状况调查和评价。

④ 规划方案分析与污染源分析。

⑤ 环境影响预测与评价。

⑥ 环境容量与污染物排放总量控制。

⑦ 开发区总体规划的综合论证和环境保护措施。

⑧ 公众参与。

⑨ 环境管理与环境监测计划。

⑩ 结论。

2. 总论

（1）开发区立项背景

（2）环境影响评价工作依据（列出现行的环保法规、政策、开发区规划文本等）

（3）环境保护目标与保护重点，并在地图上标出可能涉及的环境敏感区域和敏感目标

（4）环境影响评价因子与评价重点

（5）环境影响评价范围

（6）区域环境功能区划和环境标准（附区域环境功能区划图）

3．开发区规划和开发现状

（1）开发区总体规划概述

① 开发区性质。

② 开发区不同规划发展阶段的目标和指标，包括开发区规划的人口规模、用地规模、产值规模、规划发展目标和优先目标以及各项社会经济发展指标。

③ 开发区总体规划方案及专项建设规划方案概述，说明开发区内的功能分区，各分区的地理位置、分区边界、主要功能及各分区间的联系。附总体规划图、土地利用规划等专项规划图。

④ 开发区环境保护规划（简述开发区环境保护目标、功能分区、主要环保措施）。附环境功能区划图。

⑤ 优先发展项目清单和主要污染物特征。

⑥ 在规划文本中已研究的主要环境保护措施和/或替代方案。

（2）开发现状回顾

对于已有实质性开发建设活动的开发区，应增加有关开发现状回顾，包括：

① 开发过程回顾。

② 区内现有产业结构、重点项目。

③ 能源、水资源及其他主要物料消耗、弹性系数等变化情况及主要污染物排放状况。

④ 环境基础设施建设情况。

⑤ 区内环境质量变化情况及主要环境问题。

4．区域环境状况调查和评价

（1）区域环境概况

简述开发区的地理位置、自然环境概况、社会经济发展概况等主要特征，说明区域内重要自然资源及开采状况、环境敏感区和各类保护区及保护现状、历史文化遗产及保护现状。

（2）区域环境现状调查和评价的基本内容

① 空气环境质量现状，SO_2和NO_x等污染物排放和控制现状。

② 地表水（河流、湖泊、水库）和地下水环境质量现状（包括河口、近海水域水环境质量现状）、废水处理基础设施、水量供需平衡状况、生活和工业用水现状、地下水开采现状等。

③ 土地利用类型和分布情况，各类土地面积及土壤环境质量现状。

④ 区域声环境现状、受超标噪声影响的人口比例以及超标噪声的区域分布情况。

⑤ 固体废物的产生量，废物处理处置以及回收和综合利用现状。

⑥ 环境敏感区分布和保护现状。

（3）区域社会经济

概述开发区所在区域社会经济发展现状、近期社会经济发展规划和远期发展目标。

（4）环境保护目标与主要环境问题

概述区域环境保护规划、主要环境保护目标和指标，分析区域存在的主要环境问题，并以表格形式列出可能对区域发展目标、开发区规划目标形成制约的关键环境因素或条件。

5．规划方案分析

（1）规划方案分析的要点

将开发区规划方案放在区域发展的层次上进行合理性分析，突出开发区总体发展目标、布局和环境功能区划的合理性。

（2）开发区总体布局及区内功能分区的合理性分析

① 分析开发区规划确定的区内各功能组团（如工业区、商住区、绿化景观区、物流仓储区、文教区、行政中心等）的性质及其与相邻功能组团的边界和联系。

② 根据开发区选址合理性分析确定的基本要素，分析开发区内各功能组团的发展目标和各组团间的优势与限制因子，分析各组团间的功能配合以及现有的基础设施及周边组团设施对该组团功能的支持。可采用列表的方式说明开发区规划发展目标和各功能组团间的相容性。

（3）开发区规划与所在区域发展规划的协调性分析

将开发区所在区域的总体规划、布局规划、环境功能区划与开发区规划作详细对比，分析开发区规划是否与所在区域的总体规划具有相容性。

（4）开发区土地利用的生态适宜度分析

① 生态适宜度评价采用三级指标体系，选择对所确定的土地利用目标影响最大的一组因素作为生态适宜度的评价指标。

② 根据不同指标对同一土地利用方式的影响作用大小进行指标加权。

③ 进行单项指标（三级指标）分级评分，单项指标评分可分为4级：很适宜、适宜、基本适宜、不适宜。

④ 在各单项指标评分的基础上，进行各种土地利用方式的综合评价。

（5）环境功能区划的合理性分析

① 对比开发区规划和开发区所在区域总体规划中对开发区内各分区或地块的环境功能要求。

② 分析开发区环境功能区划和开发区所在区域总体环境功能区划的异同点。根据分析结果，对开发区规划中不合理的环境功能分区提出改进建议。

（6）调整方案与对策

根据综合论证的结果，提出减缓环境影响的调整方案和污染控制措施与对策。

6．开发区污染源分析

（1）根据规划的发展目标、规模、规划阶段、产业结构、行业构成等，分析预测开发区污染物来源、种类和数量。特别注意考虑入区项目类型与布局存在较大不确定性、阶段性的特点。

（2）根据开发区不同发展阶段，分析确定近、中、远期区域主要污染源。鉴于规划实施的时间跨度较长并存在一定的不确定性因素，污染源分析预测以近期为主。

（3）区域污染源分析的主要因子应满足下列要求。

① 国家和地方政府规定的重点控制污染物。

② 开发区规划中确定的主导行业或重点行业的特征污染物。

③ 当地环境介质最为敏感的污染因子。

（4）污染源估算方法。

① 选择与开发区规划性质、发展目标相近的国内外已建开发区作类比分析，采用计算经济密度的方法（每平方千米的能耗或产值等）类比污染物排放总量数据。

② 对于已形成主导产业和行业的开发区，应按主导产业的类别分别选择区内的典型企业，调查审核其实际的污染因子和现状污染物排放量，同时考虑科技进

步和能源替代等因素，估算开发区污染物排放量。

③ 对规划中已明确建设集中供热系统的开发区，废气常规因子排放总量可依据集中供热电厂的能耗情况计算。

④ 对规划中已明确建设集中污水处理系统的开发区，可以根据受纳水体的功能确定排放标准级别和出水水质，依据污水处理厂的处理能力和处理工艺，估算开发区水污染物排放总量。未明确建设集中污水处理系统的开发区，可以根据开发区供水规划，通过分析需水量，估算开发区水污染物排放总量。

⑤ 生活垃圾产生量预测应主要依据开发区规划人口规模、人均生活垃圾产生量，并在充分考虑经济发展对生活垃圾增长影响的基础上确定。

7．环境影响分析与评价

（1）空气环境影响分析与评价的主要内容

① 开发区能源结构及其环境空气影响分析。

② 集中供热（汽）厂的位置、规模、污染物排放情况及其对环境质量的影响预测与分析。

③ 工艺尾气排放方式、污染物种类、排放量、控制措施及其环境影响分析。

④ 区内污染物排放对区内、外环境敏感地区的环境影响分析。

⑤ 区外主要污染源对区内环境空气质量的影响分析。

（2）地表水环境影响分析与评价的主要内容

① 地表水环境影响分析与评价应包括开发区水资源利用、污水收集与集中处理、尾水回用以及尾水排放对受纳水体的影响。

② 水质预测的情景设计应包含不同的排水规模、不同的处理深度、不同的排污口位置和排放方式。

③ 可以针对受纳水体的特点，选择简易（快速）水质评价模型进行预测分析。

（3）地下水环境影响分析与评价的主要内容

① 根据当地水文地质调查资料，识别地下水的径流、补给、排泄条件以及地下水和地表水之间的水力连通，评价包气带的防护特性。

② 根据地下水水源保护条例核查开发规划内容是否符合有关规定，分析建设活动影响地下水水质的途径，提出限制性（防护）措施。

（4）固体废物处理/处置方式及其影响分析的主要内容

① 预测可能的固体废物的类型，确定相应分类处理方式。

② 开发区固体废物处理/处置纳入所在区域的固体废物管理/处置体系的，应

确保可利用的固体废物处理/处置设施符合环境保护要求（如符合垃圾卫生填埋标准、符合有害工业固体废物处置标准等），并核实现有固体废物处理设施可能提供的接纳能力和服务年限。否则，应提出固体废物处理/处置建设方案，并确认其选址符合环境保护要求。

③ 对于拟议的固体废物处理/处置方案，应从环境保护角度分析选址的合理性。

（5）噪声影响分析与评价的主要内容

① 根据开发区规划布局方案，按有关声环境功能区划分原则和方法，拟定开发区声环境功能区划方案。

② 对于开发区规划布局可能影响区域噪声功能达标的，应考虑调整规划布局、设置噪声隔离带等措施。

8．环境容量与污染物总量控制

按照根据区域环境质量目标确定污染物总量控制的原则要求，提出污染物总量控制方案。

在提出污染物总量控制方案的工作内容要求时，应考虑集中供热、污水集中处理排放、固体废物分类处置的原则要求。

（1）大气环境容量与污染物总量控制的主要内容

① 选择总量控制指标：烟尘、粉尘、SO_2。

② 对所涉及的区域进行环境功能区划，确定各功能区环境空气质量目标。

③ 根据环境质量现状，分析不同功能区环境质量达标情况。

④ 结合当地地形和气象条件，选择适当方法，确定开发区大气环境容量（即满足环境质量目标的前提下污染物的允许排放总量）。

⑤ 结合开发区规划分析和污染控制措施，提出区域环境容量利用方案和近期（按5年计划）污染物排放总量控制指标。

（2）水环境容量与废水排放总量控制的主要内容

① 选择总量控制指标因子：COD、NH_3、TN、TP等以及受纳水体最为敏感的特征因子。

② 分析基于环境容量约束的允许排放总量和基于技术经济条件约束的允许排放总量。

③ 对于拟接纳开发区污水的水体，如常年径流的河流、湖泊、近海水域，应根据环境功能区划所规定的水质标准要求，选用适当的水质模型分析确定水环境

容量（河流/湖泊：水环境容量；河口/海湾：水环境容量/最小初始稀释度；开敞的近海水域：最小初始稀释度）；对季节性河流，原则上不要求确定水环境容量。

④ 对于现状水污染物实现达标排放，水体无足够的环境容量可资利用的情形，应在制订基于水环境功能的区域水污染控制计划的基础上确定开发区水污染物排放总量。

⑤ 如预测的各项总量值均低于上述基于技术水平约束下的总量控制和基于水环境容量的总量控制指标，可选择最小的指标提出总量控制方案；如预测总量大于上述指标中的某一类指标，则需调整规划，降低污染物总量。

（3）固体废物管理与处置的主要内容

① 分析固体废物类型和发生量，分析固体废物减量化、资源化、无害化处理处置措施及方案，可采用固体废物流程表的方式进行分析。

② 分类确定开发区可能发生的固体废物总量，可采用类比的方式预计固体废物的发生量。

③ 开发区的固体废物处理/处置应纳入所在区域的固体废物总量控制计划之中，对固体废物的处理/处置应符合区域所制订的资源回收、固体废物利用的目标与指标要求。

④ 按固体废物分类处置的原则，测算需采取不同处置方式的最终处置总量，并确定可供利用的不同处置设施及能力。

9．生态环境保护与生态建设

（1）调查生态环境现状和历史演变过程、生态保护区或生态敏感区的情况，包括生物量及生物多样性、特殊生境及特有物种，自然保护区、湿地，自然生态退化状况（包括植被破坏、土壤污染与土地退化等）。

（2）分析评价开发区规划实施对生态环境的影响，主要包括生物多样性、生态环境功能及生态景观影响。

① 分析由于土地利用类型改变导致的对自然植被、特殊生境及特有物种栖息地、自然保护区、水域生态与湿地、开阔地、园林绿化等的影响。

② 分析由于自然资源、旅游资源、水资源及其他资源开发利用变化而导致的对自然生态和景观方面的影响。

③ 分析评价区域内各种污染物排放量的增加、污染源空间结构等变化对自然生态与景观方面产生的影响。

（3）应着重阐明区域开发造成的包括对生态结构与功能的影响、影响性质与程度、生态功能补偿的可能性与预期的可恢复程度、对保护目标的影响程度及保护的可行途径等。

（4）对于预计的可能产生的显著不利影响，要求从保护、恢复、补偿、建设等方面提出和论证实施生态环境保护措施的基本框架。

10．公众参与

（1）公众参与的对象主要是可能受到开发区建设影响、关注开发区建设的群体和个人。

（2）应向公众告知开发区规划、开发活动涉及的环境问题、环境影响评价初步分析结论、拟采取的减少环境影响的措施及效果等公众关心问题。

（3）公众参与可采用媒体公布、社会调查、问卷、听证会、专家咨询等方式。

11．开发区规划的综合论证与环境保护措施

（1）根据环境容量和环境影响评价结果，结合地区的环境状况，从开发区的选址、发展规模、产业结构、行业构成、布局、功能区划、开发速度和强度以及环保基础设施建设（污水集中处理、固体废物集中处理/处置、集中供热、集中供气等）等方面对开发区规划的环境可行性进行综合论证。

① 开发区总体发展目标的合理性。

② 开发区总体布局的合理性。

③ 开发区环境功能区划的合理性和环境保护目标的可达性。

④ 开发区土地利用的生态适宜度分析。

（2）对应所识别、预测的主要不利环境影响，逐项列出环境保护对策和环境减缓措施。

（3）环境保护对策包括对开发区规划目标、规划布局、总体发展规模、产业结构以及环保基础设施建设的调整方案。

① 当开发区土地利用的生态适宜度较低，或区域环境敏感性较高时，应考虑选址的大规模、大范围调整。

② 当选址邻近生态保护区、水源保护地、重要和敏感的居住地，或周围环境中有重大污染源并对区域选址产生不利影响以及某类环境指标严重超标且难以短时期改善时，要建议提出调整；一般情况下，开发区边界应与外部较敏感地域保持一定的空间防护距离。

③ 开发区内各功能区除满足相互间的影响最小，并留有充足的空间防护距离外，还应从基础设施建设、各产业间的合理连接，以及适应建立循环经济和生态

园区的布局条件来考虑开发区布局的调整。

④ 规模调整包括经济规模和土地开发规模的调整；在拟定规模的调整建议时应考虑开发区的最终规模和阶段性发展目标。

⑤ 当开发区发展目标受外部环境影响时（如受区外重大污染源影响较大），以及在不能进行选址调整时，要提出对区外环境污染控制进行调整的计划方案，并建议将此计划纳入开发区总体规划之中。

（4）主要环境影响减缓措施。

① 大气环境影响减缓措施应从改变能流系统及能源转换技术方面进行分析。重点是煤的集中转换以及煤的集中转换技术的多方案比较。

② 水环境影响减缓措施应重点考虑污水集中处理、深度处理与回用系统，以及废水排放的优化布局和排放方式的选择。如在选择更先进的污水处理工艺的同时，考虑增加土地处理系统、强化深度处理和中水回用系统。

③ 对典型工业行业，可根据清洁生产、循环经济原理从原料输入、工艺流程、产品使用等进行分析，提出替代方案与减缓措施。

④ 固体废物影响的减缓措施重点是固体废物的集中收集、减量化、资源化和无害化处理/处置措施。

⑤ 对于可能导致对生态环境功能显著影响的开发区规划，应根据生态影响特征制订可行的生态建设方案。

（5）提出限制入区的工业项目类型清单。

12．环境管理与环境监测计划

（1）提出开发区环境管理与能力建设方案，包括建立开发区动态环境管理系统的计划安排。

（2）拟定开发区环境质量监测计划，包括环境空气、地表水、地下水、区域噪声的监测项目、监测布点、监测频率、质量保证、数据报表。

（3）提出对开发区不同规划阶段的跟踪环境影响评价与监测的安排，包括对不同阶段进行环境影响评估（阶段验收）的主要内容和要求。

（4）提出简化入区建设项目环境影响评价的建议。

第三节　区域开发的环境制约因素分析

区域环境影响评价的对象是区域开发规划方案，它的总目标是区域可持续发展。区域环境影响评价通过区域环境承载力分析、土地利用和生态适宜度分析，可以从宏观角度对区域开发活动的选址、规模、性质进行可行性论证，从而为区域开发各功能的合理布局和入区项目的筛选提供决策的依据。

一、区域环境承载力分析

1. 区域环境承载力的概念

区域环境承载力是指在一定时期和一定区域范围内，在维持区域环境系统结构不发生质的改变，区域环境功能不朝恶性方向转变的条件下，区域环境系统所能承受的人类各种社会经济活动的能力，即区域环境系统结构与区域社会经济活动的适宜程度。

2. 区域环境承载力分析的对象和内容

区域环境承载力的研究对象是区域社会经济—区域环境结构系统。它包括两个方面，一是区域环境系统的微观结构、特征和功能，二是区域社会经济活动的方向、规模，把两个方面结合起来，以量化手段表征出两个方面的协调程度，就是区域环境承载力研究的目的。

区域环境承载力研究包括如下几个方面的内容：区域环境承载力指标体系；区域环境承载力大小表征模型及求解；区域环境承载力综合评估；与区域环境承载力相协调的区域社会经济活动的方向、规模和区域环境保护规划的对策措施。

3. 区域环境承载力的指标体系

要准确客观地反映区域环境承载力，必须有一套完整的指标体系，它是分析研究区域环境承载力的根本条件和理论基础。建立环境承载力指标体系必须遵循科学性原则、完备性原则、可量性原则、区域性原则和规范性原则。

环境承载力的指标体系可以从环境系统和社会经济系统之间物质、能量和信息的联系角度入手，将其分为三类：

第一类，自然资源供给类指标，如水资源、土地资源、生物资源等。

第二类，社会条件支持类指标，如经济实力、公用设施、交通条件等。

第三类，污染承受能力类指标，如污染物的迁移、扩散和转化能力，绿化状况等。

4．区域环境承载力的量化研究

区域环境承载力的指标体系建立之后，对环境承载力的研究就是对环境承载力值进行计算、分析，并提出相应的保持或提高当前环境承载力值的方法措施。一般来说，这些指标与经济开发活动之间的数量关系是很难确定的，一方面，是因为这种关系本身是非常复杂的，如大气中 SO_2 的浓度不仅与区域的能源消耗总量有关，而且还与当地的能源结构、环保设施投资状况等有关；另一方面，所选取的指标除与人类的经济活动有关外，还可能受到许多偶然因素的影响，如降雨可将大气中的许多污染物（如 SO_2）转移到水环境中，使环境承载力的结构发生变化。

二、土地使用和生态适宜度分析

1．土地使用适宜性分析

土地使用适宜性分析目前具体采取的方法有矩阵法、图解分析法、叠图法以及环境质量评价法等，这些方法往往结合在一起使用。

土地使用适宜性分析的过程如图 8.3 所示。

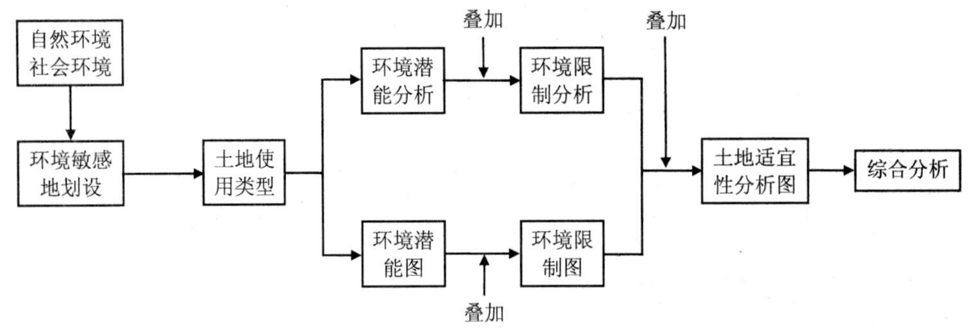

图 8.3 土地使用适宜性分析的过程

土地使用适宜性分析可用于分析自然环境对各种土地使用的潜力和限制，确保开发行为与环境保护目标相符合，对资源进行最适宜的空间分配。

（1）确定土地使用类型

土地使用类型一般可根据城市规划或区域总体规划中的土地使用功能进行划

分。例如，可分为住宅社区、工业区、大型游乐区、金融商贸区、文化教育区等。

（2）环境潜能分析

指分析各种土地使用类别与土地使用需求以及环境潜能的关系，以了解环境特性对不同土地开发行为所具有的发展潜力条件。针对已确定的土地使用类型，可建立两个关联矩阵：一是土地使用类型与土地使用需求的关联矩阵；二是土地使用需求与环境潜能的关联矩阵。通过这两个关联矩阵的结果分析，可以得到土地使用类型与环境潜能的关联性，从而进行发展潜力分析。

（3）环境限制分析

发展限制是指土地使用过程中由于其不当的开发活动或使用行为所导致的环境负效应。分析发展限制，正是通过分析各种土地使用类型与土地使用行为以及环境敏感性之间的关系，来了解环境特性对不同土地使用的限制。

（4）土地使用适宜性分析

综合上面环境潜能与环境限制的分析结果，可分别将环境潜能和环境限制分级。

（5）综合分析

比较区域中各种土地使用类型的适宜性分级，并进行社会、经济评价。

2. 生态适宜度分析

生态适宜度分析是在城市生态登记的基础上寻求城市最佳土地利用方式的方法。下面简要介绍一种生态适宜度分析方法。

（1）选择生态因子

生态适宜度分析是对土地特定用途的适宜性评价。选择能够准确或比较准确描述（影响）该种用途的生态因子，通过多种生态因子的评价，得出综合评价值。

生态因子的选择必须遵守一条基本原则，这就是生态因子必须是对所确定的土地利用目的影响最大的因素。

（2）单因子分级评价

对特种土地利用目的选择的生态因子，在综合分析前，首先必须进行单因子分级评分。单因子分级一般可分为 5 级：很不适宜、不适宜、基本适宜、适宜、很适宜。也可分为 3 级：不适宜、基本适宜、适宜。

（3）生态适宜度分析

在各单因子分级评分的基础上，进行各种用地形式的综合适宜度分析。由单因子生态适宜度计算综合适宜度的方法有两种。

1）直接叠加

$$B_{ij}=\sum_{s=1}^{n}B_{isj} \tag{8.1}$$

式中：B_{ij}—— 第 i 个网格、利用方式为 j 时的综合评价值，即 j 种利用方式的生态适宜度；

B_{isj}—— 第 i 个网格、利用方式为 j 时第 s 个生态因子的适宜度评价值（单因子评价值）；

i—— 网格号（或地块编号）；

j—— 土地利用方式编号（或用地类型编号）；

s—— 影响为 j 种土地利用方式的生态因子编号；

n—— 影响为 j 种土地利用方式的生态因子总数。

这种直接叠加法应用的条件是各生态因子对土地的特定利用方式的影响程度基本接近。在我国城市生态规划中，直接叠加法应用较为广泛。

2）加权叠加

各种生态因子对土地的特种利用方式的影响程度差别很明显时，就不能直接叠加求综合适宜度了，必须应用加权叠加法，对影响大的因子赋予较大的权值。计算公式如下:

$$B_{ij}=\sum_{s=1}^{n}W_sB_{isj}\Big/\sum_{s=1}^{n}W_s \tag{8.2}$$

式中：W_s—— 第 i 个网格、利用方式为 j 时第 s 个生态因子的权重值；

其他符号意义同前。

（4）综合适宜度分级

综合适宜度可以分三级：不适宜、基本适宜、适宜；也可以分五级：很不适宜、不适宜、基本适宜、适宜、很适宜。

通过环境承载力分析、土地及生态适宜度分析，可以找出区域可持续发展的限制因子，并对土地利用进行合理的规划。

第四节 区域环境总量控制

区域开发一般是逐步、滚动发展，污染源种类和污染物排放量等不确定因素多，只有区域实行污染物总量控制，才能保证区域在开发过程中始终与环境质量达标要求紧密联系。另外，对一些老工业基地再开发，通过区域污染物总量控制分析，可以提出“增产不增污”、“以新带老”、“集中治理”等合理的污染物削减方案。

区域开发中需要落实主要区域性污染物的排污总量指标，以便于环境管理，使区域开发过程中社会、经济和环境相协调，实现区域的可持续发展。

一、区域环境总量控制分类

其一是容量总量控制，有关环境容量的研究，由于确定环境容量的环境自净规律复杂，研究的周期长、工作量大，而且某些自净能力的因子难以确定，因此通过环境容量来确定排放总量的方法目前面临着很大的困难。

其二是目标总量控制，由于容量总量控制实施的困难性，目前在区域评价中通常使用的方法是将环境目标或相应的标准看作确定环境容量的基础。即一个区域的排污总量应以其保证环境质量达标条件下的最大排污量为限，一般采用现场监测和相应的模拟模型计算的方法，分析原有总量对环境的贡献以及新增总量对环境的影响，特别是要论证采取综合整治和总量控制措施后，排污总量是否满足环境质量要求。这种以环境目标值推算的总量就称为目标总量控制。

其三是指令性总量控制，即国家和地方按照一定原则在一定时期内所下达的主要污染物排放总量控制指标，所做的分析工作主要是如何在总指标范围内确定各小区域的合理分担率，一般要根据区域社会、经济、资源和面积等代表性指标比例关系，采用对比分析和比例分配法进行综合分析来确定。

其四是最佳技术经济条件下的总量控制，这主要是分析主要排污单位在其经济承受能力的范围内或是合理的经济负担下，采用最先进的工艺技术和最佳污染控制措施所能达到的最小排污总量，但要以其上限达到相应污染物排放标准为原则。它可把污染物排放最少量化的原则应用于生产工艺过程中，体现出全过程控制原则。

总量控制的类型见图 8.4。

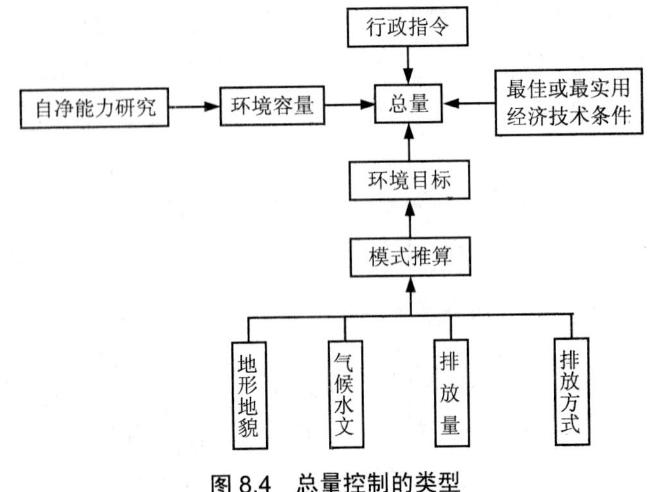

图 8.4　总量控制的类型

二、区域环境总量控制的分析方法和要点

1. 污染物是否达标排放

我国在环境管理中执行污染物排放浓度控制和总量控制的双轨制。浓度控制法，就是通过控制污染源排放口排出污染物的浓度，来控制环境质量的方法。这就是人们常说的国家排放标准，具体来说就是国家制定全国统一执行的污染物浓度排放标准。

污染物达标排放是实施总量控制的前提和基础。因此，在进行总量控制分析时，首先应当分析区域开发项目中的主要污染物是否实现达标排放。

2. 环境质量是否达标

从总量控制的概念上来说，其目标就是通过确定区域范围内各污染源允许的污染物排放量，达到预定的环境目标。既然环境质量达标是总量控制的目标，那么就应当分析区域开发对大气和水环境的影响，预测其排放是否能够满足环境质量的要求。

以环境质量达标为前提，通过模式计算，可推算出区域污染物允许排放的目标总量。例如，对水环境而言，单点源排放情况下，排污口与控制断面间水域允许纳污量可按下式计算：

$$W_c = S \cdot \left(Q_p + Q_c\right) - Q_p \cdot C_p \tag{8.3}$$

式中：W_c—— 水域允许纳污量，g/s；

Q_p—— 上游来水设计水量，m^3/s；

C_p—— 上游来水设计水质浓度，mg/L；

Q_c—— 污水设计排放流量，m^3/s；

S—— 控制断面水质标准，mg/L。

对大气污染物而言，区域排放总量限值可依据《制定地方大气污染物排放标准的技术方法》（GB/T 13201）来计算：

$$Q_{ak}=\sum_{i=1}^{n}\left[\frac{A\cdot C_{ki}\cdot S_i}{\left(\sum_{i=1}^{n}S_i\right)^{0.5}}\right] \tag{8.4}$$

式中：Q_{ak}—— 总量控制区某种污染物年允许排放总量限值，10^4t；

S_i—— 第 i 功能区面积，km^2；

n—— 总量控制区中功能区总数；

C_{ki}—— 国家和地方有关大气环境质量标准所规定的与第 i 功能区类别相应的年日平均浓度限值，mg/m^3；

A—— 地理区域性总量控制系数，$10^4 km^2$。

3．是否符合指令性总量控制要求

在分析区域污染物排放总量时，如果当地环保部门已经给建设项目分配了污染物允许排放的总量，则执行所分配的指令总量。这时，如果该区域有污染物总量控制限值，则可按一定的分担率来确定建设项目的总量限值。

4．贯彻“增产不增污、以新带老、集中治理”的原则

国家环保总局“九五”计划期间总量控制的目标就是将污染物排放量“冻结”在 1995 年的水平上，在环境质量已超过国家标准的区域，总量控制不仅要求作双达标的分析，另外要严格贯彻“增产不增污”、“以新带老”的原则。分析区域开发后，其污染物的排放量，占地区污染物排放总量的份额为多少，通过该区域能否把老污染源治理一并考虑，集中治理，削减原来污染物排放总量，达到增产不增污的效果。

排污总量控制指标可以在地区或行业内综合平衡，调剂余缺，有偿转让。总指标的取得，是通过一定的法律程序，经环保部门审定的。一旦企业取得了总量指标后，多余指标可以留作企业发展生产用，也可以作为商品交易，或调剂余缺，或有偿转让。反之，若企业总量超标，则需购买排污权，这也是达到区域增产不增污的一种途径。

5．经济技术可行

在环境影响报告书中，为了说明对拟建项目污染物排放总量控制的可行性，应对该项目的环保措施和生产工艺流程进行经济技术可行性分析。经济技术可行性分析可按以下两个步骤进行。

第一，估算产污排污情况。在国内，产污排污的情况可用产污排污系数来说明。产污系数是指在正常技术经济和管理等条件下，生产单位产品所产生的原始污染物量；排污系数是指在上述条件下经过污染控制措施削减后或未经削减直接排放到环境中的污染物量，它们又有过程和终端之分。过程产污系数是指在生产线上独立生产工序（或工段）生产单位中间产品或终产品产生的污染物量，不包括其前工序产生的污染物量。过程排污系数是指上述条件下有污染治理设施时生产单位产品所排放的污染物量，它与相应的过程产污系数之差即为该治理设施的单位产品污染物削减量。终端产污系数是指包括整个工艺生产线上生产单位最终产品产生的污染物量，终端排污系数是指整个生产工艺线相应过程排污系数之和。

第二，评估排污水平。评估的标准可参照本行业的历史最好水平，国内外同行业、类似规模、工艺或技术装备的厂家的水平。

第五节　区域环境管理计划

环境管理是指运用经济、法律、技术、行政、教育等手段使经济和环境保护得到协调发展。环境监督是环境管理最基本职能和最大权力。环境监督包括环境立法、制定环境标准、环境监测，以及环境保护工作的监督，环境监测在环境监督管理中占有主要地位。为保证区域环境功能的实施，必须加强对区域的环境管理工作，制订必要的环境管理措施。

一、机构设置与监控系统的建立

1．环境管理机构的主要职责

（1）区域环保管理机构除执行主管领导有关环保工作的指令外，还应接受上级环境管理部门下达的各项环境管理工作，如统计报表、检查监督，定期与不定期地上报各项管理工作执行情况以及各项有关环境参数，为区域整体环境污染控制服务。

（2）贯彻执行环境保护法规和标准。

（3）编制并组织实施区域环境保护规划，协助县（区）领导努力实现区域环境综合整治定量考核目标。

（4）领导和组织区域的环境监测工作。

（5）根据有关法规，负责区内建设项目“三同时”的审批和验收，决定新建项目是否应进行环境影响评价工作。

（6）检查区域环保设施运行情况，做好考核和统计工作。

（7）及时推广、应用环境保护的先进技术和经验。

（8）组织开展环保专业的法规、技术培训，提高各级环保人员的素质和水平。

（9）开展其他有关的环保工作。

2．环境监测站的主要职责

（1）制订区域环境监测的年度计划与发展规划，建立健全本站各项规章制度。

（2）根据国家和地区环境标准，对区域重点污染源和区域环境质量开展日常监测工作。按规定编制表格或报告，上报各有关主管部门，建立监测档案。

（3）参加区内新建、扩建和改建项目的验收和测定工作，提供监测数据。

（4）配合区内企业，参加污染治理工作，为污染治理服务。

（5）技术上接受市环境监测中心和县（区）环境监测站的监督与指导，参加例行的技术考核。

（6）开展环境监测科学研究，不断提高监测水平。

（7）承担上级主管部门下达的以及有关部门委托的监测任务。

3．环境管理机构与监测站的人员与仪器配备

市级规划区域应在区内设环境保护办公室和监测站，根据实际需要确定人员编制，以负责区内环境管理以及环境和污染源监测工作。监测站人员必须经过技术培训合格后方可上岗，并定期参加国家和地方监测部门的考核。其余区（县）级规划区域如所在区（县）环境监测站环境要素测定比较齐全，有能力承担开发区内的监测工作，这些区域可不设单独的环境监测机构，而由区（县）监测站统一安排，实施监测计划。但区内应安排专门人员负责环境管理工作，并协调组织区内监测工作。

各区域监测站可根据本区域的特点配备相应的、必要的环境监测设备，有条件的监测站可考虑配置 SO_2、TSP 连续自动监测装置、环境噪声连续自动监测及微机等设备。

4．环境监测计划

在编制区域环境影响报告书时，要制订出环境监测计划，写清楚监测计划的技术、管理要求，以便环境管理部门能够贯彻执行，切实保护环境资源，保障经济社会的可持续发展。

环境监测计划的内容要根据区域对环境产生的主要环境影响和经济条件而定，一般包括以下几个方面：选择合适的监测对象和环境因子；确定监测范围；选择监测方法；估算、筹集、分担监测经费；建立定期审核制度；明确监测实施机构。

二、区域环境管理指标体系的建立

1．区域环境管理指标选取的原则

（1）科学性原则

指标或指标体系能全面、准确地表达管理对象的特征和内涵，能反映管理对象的动态变化，具有完整性特点，并且可分解、可操作，方向性明确。

（2）规范化原则

指标的含义、范围、量纲、计算方法具有统一性或通用性，而且在较长时间内不会有大的改变，或者可以通过规范化处理，与其他类型的指标表达法进行比较。

（3）适应性原则

体现环境管理的运行机制，与环境统计指标，环境监测项目和数据相适应，以便规划和管理。此外，所选指标还应与经济社会发展规划的指标相联系或相呼应。

（4）针对性原则

指标能够反映环境保护的战略目标、战略重点、战略方针和政策，能反映区域经济社会和环境保护的发展特点和发展需求。

2．区域环境管理指标的举例

区域环境管理指标在结构上首先可分为直接指标和间接指标两大类。直接指标主要包括环境质量指标和污染物总量控制指标，间接指标重点是与环境相关的经济指标、社会指标、区域指标、生态指标等（见图 8.5）。

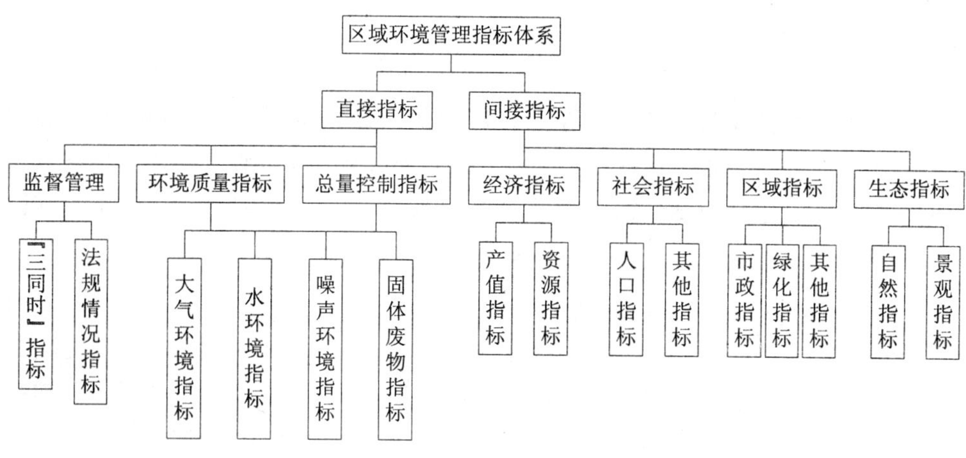

图 8.5　区域环境管理指标体系分类结构

区域环境管理指标按其表征对象、作用以及在环境规划管理中的重要度或相关性可分为环境质量指标、污染物总量控制指标、环境规划措施与管理指标及相关指标。

（1）环境质量指标

环境质量指标主要表征自然环境要素（大气、水）和生活环境（如安静）的质量状况，一般以环境质量标准为基本衡量尺度。环境质量指标是环境规划管理的出发点和归宿，所有其他指标的确定都是围绕完成质量指标进行的。

（2）污染物总量控制指标

污染物总量控制指标是根据一定地域的环境特点和容量来确定，其中又有容量总量控制和目标总量控制两种。前者体现环境的容量要求，是自然约束的反映，后者体现规划的目标要求，是人为约束的反映。

污染物总量控制指标将污染源与环境质量联系起来考虑，其技术关键是寻求源与汇（受纳环境）的输入响应关系，浓度标准指标虽对污染源的污染物排放浓度和环境介质中的污染物浓度作出规定，易于监测和管理，但此类指标体系对排入环境中的污染物量无直接约束，未将源与汇结合起来考虑。

（3）环境规划措施与管理指标

环境规划措施与管理指标是达到污染物总量控制指标进而达到环境质量指标的支持和保证性指标。这类指标有的由环保部门规划与管理，有的则属于城市总体规划，这类指标的完成与否与环境质量的优劣密切相关。

（4）相关指标

相关指标主要包括经济指标、社会指标和生态指标三类。相关指标大都包含在国民经济和社会发展规划中，都与环境指标有密切的联系，对环境质量有深刻影响，但又是环境规划所包容不了的。因此，环境规划将其作为相关指标列入，以便更全面地衡量环境规划指标的科学性和可行性。对于区域来说，生态类指标也为环境规划所特别关注，它们在环境规划中将占有越来越重要的位置。

三、区域环境目标可达性分析

所谓环境目标是在一定条件下，决策者对环境质量所要达到（或希望达到）的结果或标准。在“一定条件下”是指规划区内的自然条件、物质条件、技术条件和管理水平等。“决策者”是指各级政府，城市建设部门，环保部门，或依法行政职权的单位。有了环境目标就可以确定出环境规划区的环境保护和生态建设的控制水平。

确定环境目标时应考虑如下几个问题：选择恰当的环境保护目标要考虑规划区环境特征、性质和功能；选择环境目标要考虑经济、社会和环境效益的统一；有利于环境质量的改善；考虑人们生存发展的基本要求；环境目标和经济发展目标要同步协调。

初步确定环境目标之后，就要论述环境目标是否可达。只有从整体上认为目标可达后，才能进行目标的分解，落实到具体污染源、具体区域、具体环境工程项目和措施。因此，从整体上定性或半定量论述目标可达性是非常重要的。

1. 从投资的角度分析环境目标的可达性

环境目标确定以后，污染物的总量削减指标以及环境污染控制和环境建设等指标也就确定了。根据完成这些指标的总投资，可以计算出总的环境投资，然后与同时期的国民生产总值进行比较。尽可能地利用经济发展产生的效益来实现环境目标。根据环保投资占同期国民生产总值的比例论述目标可达性时，一定要结合具体的经济结构（特别是工业结构），因为工业结构不同，环保投资比例相同时，环境效益会出现明显的差异。

2. 从提高环境管理技术和污染防治技术的角度论述目标的可达性

我国环境管理五项新制度的实施，标志着我国环境管理发展到了一个新的水平，也标志着我国环境管理发展到了由定性转向定量、由点源治理转向区域综合防治的新阶段。环境管理技术的提高必将进一步促进、强化环境管理，为环境目标的实施提供保证。

3．从污染负荷削减可行性的角度论述环境目标的可达性

在分析总量削减的可行性时，要分析目前削减的潜力及挖掘潜力的可能性，然后粗略地分析今后的一定时期内可能增加的污染负荷的削减能力，也就是比较污染物总量负荷削减能力和目标要求的削减能力，如总量削减能力大于目标削减量，一方面说明目标可能定得太低，另一方面说明目标可达；如果总削减量能力小于目标削减量，一方面说明目标可能定得太高，另一方面说明在不重新增加污染负荷削减能力的条件下，目标难以实现。

思考题

1．区域环境影响评价的定义、特点、目的、主要类型是什么？

2．区域环境影响评价的基本内容是什么？

3．环境承载力、土地使用和生态适宜度分析的概念是什么？

4．以《开发区区域环境影响评价技术导则》为例，论述区域环境影响报告书的主要内容。

5．区域环境总量控制的分类、原则是什么？

6．区域环境总量控制的分析方法和要点是什么？

7．区域环境管理指标选取的原则与指标类型有哪些？

8．区域环境目标的可达性分析的重要性如何？

第九章　生态影响评价

第一节　概　述

一、生态影响评价的概念和术语

生态影响评价一般是指建设项目、区域和规划等对生态系统及其组成因子所造成的影响的评价。

生态影响是指经济社会活动对生态系统及其生物因子、非生物因子所产生的任何有害的或有益的作用，影响可划分为不利影响和有利影响，直接影响、间接影响和累积影响，可逆影响和不可逆影响。

直接生态影响是指经济社会活动所导致的不可避免的、与该活动同时同地发生的生态影响。

间接生态影响是指经济社会活动及其直接生态影响所诱发的、与该活动不在同一地点或不在同一时间发生的生态影响。

累积生态影响是指经济社会活动各个组成部分之间或者该活动与其他相关活动（包括过去、现在、未来）之间造成生态影响的相互叠加。

生态监测是指运用物理、化学或生物等方法对生态系统或生态系统中的生物因子、非生物因子状况及其变化趋势进行的测定、观察。

二、生态影响评价的原则

（1）坚持重点与全面相结合的原则。既要突出评价项目所涉及的重点区域、关键时段和主导生态因子，又要从整体上兼顾评价项目所涉及的生态系统和生态因子在不同时空等级尺度上结构与功能的完整性。

（2）坚持预防与恢复相结合的原则。预防优先，恢复补偿为辅。恢复、补偿等措施必须与项目所在地的生态功能区划的要求相适应。

（3）坚持定量与定性相结合的原则。生态影响评价应尽量采用定量方法进行描述和分析，当现有科学方法不能满足定量需要或因其他原因无法实现定量测定时，生态影响评价可通过定性或类比的方法进行描述和分析。

三、生态影响评价工作分级

依据影响区域的生态敏感性和评价项目的工程占地（含水域）范围（包括永久占地和临时占地），将生态影响评价工作等级划分为一级、二级和三级，如表9.1 所示。位于原厂界（或永久用地）范围内的工业类改扩建项目，可做生态影响分析。

表 9.1 生态影响评价工作等级划分

影响区域生态敏感性	工程占地（含水域）范围		
	面积≥20 km^2 或长度≥100 km	面积为 2～20 km^2 或 长度为 50～100 km	面积≤2 km^2 或长度≤50 km
特殊生态敏感区	一级	一级	一级
重要生态敏感区	一级	二级	三级
一般区域	二级	三级	三级

当工程占地（含水域）范围的面积或长度分别属于两个不同评价工作等级时，原则上应按其中较高的评价工作等级进行评价。改扩建工程的工程占地范围以新增占地（含水域）面积或长度计算。

在矿山开采可能导致矿区土地利用类型明显改变，或在拦河闸坝建设可能明显改变水文情势等情况下，评价工作等级应上调一级。

特殊生态敏感区是指具有极重要的生态服务功能，生态系统极为脆弱或已有较为严重的生态问题，如遭到占用、损失或破坏后所造成的生态影响后果严重且难以预防、生态功能难以恢复和替代的区域，包括自然保护区、世界文化和自然遗产地等。

重要生态敏感区是指具有相对重要的生态服务功能或生态系统较为脆弱，如遭到占用、损失或破坏后所造成的生态影响后果较严重，但可以通过一定措施加以预防、恢复和替代的区域，包括风景名胜区、森林公园、地质公园、重要湿地、原始天然林、珍稀濒危野生动植物天然集中分布区、重要水生生物的自然产卵场及索饵场、越冬场和洄游通道、天然渔场等。

一般区域是指除特殊生态敏感区和重要生态敏感区以外的其他区域。

四、生态影响评价工作范围

生态影响评价应能够充分体现生态完整性，涵盖评价项目全部活动的直接影响区域和间接影响区域。

评价工作范围应依据评价项目对生态因子的影响方式、影响程度和生态因子之间的相互影响和相互依存关系确定。

可综合考虑评价项目与项目区的气候过程、水文过程、生物过程等生物地球化学循环过程的相互作用关系，以评价项目影响区域所涉及的完整气候单元、水文单元、生态单元、地理单元界限为参照边界。

五、生态影响判定依据

（1）国家、行业和地方已颁布的资源环境保护等相关法规、政策、标准、规划和区划等确定的目标、措施与要求。

（2）科学研究判定的生态效应或评价项目实际的生态监测、模拟结果。

（3）评价项目所在地区及相似区域生态背景值或本底值。

（4）已有性质、规模以及区域生态敏感性相似项目的实际生态影响类比。

（5）相关领域专家、管理部门及公众的咨询意见。

六、工程分析

1．工程分析内容

工程分析内容应包括：项目所处的地理位置、工程的规划依据和规划环境影响评价依据、工程类型、项目组成、占地规模、总平面及现场布置、施工方式、施工时序、运行方式、替代方案、工程总投资与环保投资、设计方案中的生态保护措施等。

工程分析时段应涵盖勘察期、施工期、运营期和退役期，以施工期和运营期为调查分析的重点。

2．工程分析的重点

根据评价项目自身特点、区域的生态特点以及评价项目与影响区域生态系统的相互关系，确定工程分析的重点，分析生态影响的源及其强度。

主要内容应包括：

① 可能产生重大生态影响的工程行为；

② 与特殊生态敏感区和重要生态敏感区有关的工程行为；

③ 可能产生间接、累积生态影响的工程行为；

④ 可能造成重大资源占用和配置的工程行为。

第二节　生态现状调查与评价

一、生态现状调查

1．调查要求

生态现状调查是生态现状评价、影响预测的基础和依据，调查的内容和指标应能反映评价工作范围内的生态背景特征和现存的主要生态问题。

在有敏感生态保护目标（包括特殊生态敏感区和重要生态敏感区）或其他特别保护要求对象时，应做专题调查。

生态现状调查应在收集资料的基础上开展现场工作，生态现状调查的范围应不小于评价工作的范围。

一级评价应给出采样地样方实测、遥感等方法测定的生物量、物种多样性等数据，给出主要生物物种名录、受保护的野生动植物物种等调查资料。

二级评价的生物量和物种多样性调查可依据已有资料推断，或实测一定数量的、具有代表性的样方予以验证。

三级评价可充分借鉴已有资料进行说明。

2．调查内容

（1）生态背景调查

根据生态影响的空间和时间尺度特点，调查影响区域内涉及的生态系统类型、结构、功能和过程以及相关的非生物因子特征（如气候、土壤、地形地貌、水文及水文地质等），重点调查受保护的珍稀濒危物种、关键种、土著种、建群种、特有种以及天然的重要经济物种等。

如涉及国家级和省级保护物种、珍稀濒危物种和地方特有物种时，应逐个或逐类说明其类型、分布、保护级别、保护状况等。

如涉及特殊生态敏感区和重要生态敏感区时，应逐个说明其类型、等级、分布、保护对象、功能区划、保护要求等。

（2）主要生态问题调查

调查影响区域内已经存在的制约本区域可持续发展的主要生态问题，如水土流失、沙漠化、石漠化、盐渍化、自然灾害、生物入侵和污染危害等，指出其类型、成因、空间分布、发生特点等。

3. 调查方法

（1）资料收集法

资料收集法是指收集现有的能反映生态现状或生态背景的资料，从表现形式上分为文字资料和图形资料，从时间上可分为历史资料和现状资料，从收集行业类别上可分为农业、林业、牧业、渔业和环境保护部门，从资料性质上可分为环境影响报告书、有关污染源调查、生态保护规划、规定、生态功能区划、生态敏感目标的基本情况以及其他生态调查材料等。使用资料收集法时，应保证资料的现时性，引用资料必须建立在现场校验的基础上。

（2）现场勘查法

现场勘查应遵循整体与重点相结合的原则，在综合考虑主导生态因子结构与功能的完整性的同时，突出重点区域和关键时段的调查，并通过对影响区域的实际踏勘，核实收集资料的准确性，以获取实际资料和数据。

（3）专家和公众咨询法

专家和公众咨询法是对现场勘查的有益补充。通过咨询有关专家，收集评价工作范围内的公众、社会团体和相关管理部门对项目影响的意见，发现现场踏勘中遗漏的生态问题。专家和公众咨询应与资料收集和现场勘查同步开展。

（4）生态监测法

当资料收集、现场勘查、专家和公众咨询提供的数据无法满足评价的定量需要，或项目可能产生潜在的或长期累积效应时，可考虑选用生态监测法。生态监测应根据监测因子的生态学特点和干扰活动的特点确定监测位置和频次，有代表性地布点。生态监测方法与技术要求须符合国家现行的有关生态监测规范和监测标准分析方法。对于生态系统生产力的调查，必要时需现场采样、实验室测定。

（5）遥感调查法

当涉及区域范围较大或主导生态因子的空间等级尺度较大，通过人力踏勘较为困难或难以完成评价时，可采用遥感调查法。遥感调查过程中必须辅助必要的现场勘查工作。

（6）海洋生态调查方法

海洋生态调查主要是为了了解海洋生态系统基本的群落结构和生态功能及其重要影响因素，并掌握生态系统的健康状况。海洋生态调查涉及的要素和内容较多。海洋生态调查包括对海洋生物要素调查、海洋环境要素调查、人类活动要素调查等内容。针对不同的调查对象所采取的方法不同。海洋生物要素调查包括海洋生物群落结构要素调查和海洋生态系统功能要素调查。海洋环境要素调查包括海洋水文要素调查、海洋气象要素调查、海洋光学要素调查、海水化学要素调查、海洋底质要素调查等方面。人类活动要素调查包括海水养殖生产要素调查、海洋捕捞生产要素调查、入海污染要素调查、其他人类活动要素调查等方面。

（7）水库渔业资源调查方法

水库渔业资源调查根据调查项目不同采用不同的调查方法进行。水库渔业资源的调查项目包括以下几个方面。

水库形态与自然环境调查，调查主要内容包括水库工程概况，水库形态特征，集雨区、淹没区和消落区概况，气候气象和水文条件等。

水的理化性质调查，调查主要内容包括水温、透明度、电导率、pH 值、溶解氧、化学需氧量、总碱度、总硬度、氨氮、硝酸盐氮、总氮、总磷、可溶性磷酸盐等。

浮游植物和浮游动物调查，调查主要内容包括种类组成、数量和生物量等，浮游植物叶绿素的测定，浮游植物初级生产力的测定等。

此外，也包括细菌调查、底栖动物调查、着生生物调查、大型水生植物调查、鱼类调查、经济鱼类产卵场调查等方面。

二、生态现状评价

1．评价要求

在区域生态基本特征现状调查的基础上，对评价区的生态现状进行定量或定性的分析评价，评价应采用文字和图件相结合的表现形式。

2. 图件收集和编制要求

（1）一般原则

生态影响评价图件是指以图形、图像的形式对生态影响评价有关空间内容的描述、表达或定量分析。生态影响评价图件是生态影响评价报告的必要组成内容，是评价的主要依据和成果的重要表示形式，是指导生态保护措施设计的重要依据。

对于在生态影响评价工作中表达地理空间信息的地图应遵循有效、实用、规范的原则，根据评价工作等级、成图范围以及所表达的主题内容选择适当的成图精度和图件构成，充分反映出评价项目、生态因子构成、空间分布以及评价项目与影响区域生态系统的空间作用关系、途径或规模。

（2）图件构成

根据评价项目自身特点、评价工作等级以及区域生态敏感性不同，生态影响评价图件由基本图件和推荐图件构成。

基本图件是指根据生态影响评价工作等级不同，各级生态影响评价工作需提供的必要图件。当评价项目涉及特殊生态敏感区和重要生态敏感区时必须提供能反映生态敏感特征的专题图，如保护物种空间分布图；当开展生态监测工作时必须提供相应的生态监测点位图。

基本图件包括项目区域地理位置图、工程平面图等能反映项目特点的图件；包括土地利用现状图、植被类型图、地表水系图、特殊生态敏感区和重要生态敏感区空间分布图、生态监测布点图、主要评价因子的评价成果和预测图等能反映项目现状调查与评价、预测的图件；包括典型生态保护措施平面布置示意图等能说明保护措施的图件等。

推荐图件是在现有技术条件下可以图形图像形式表达的、有助于阐明生态影响评价结果的选作图件。推荐图件针对评价工作范围涉及山岭、水体、生态敏感区及相关生态区划等不同情景，提出了可供选作的图件类型。

根据生态影响评价导则，评价等级不同时，基本图件和推荐图件的要求如表9.2所示。

表 9.2　生态影响评价图件构成要求

评价工作等级	基本图件	推荐图件
一级	1．项目区域地理位置图 2．工程平面图 3．土地利用现状图 4．地表水系图 5．植被类型图 6．特殊生态敏感区和重要生态敏感区空间分布图 7．主要评价因子的评价成果和预测图 8．生态监测布点图 9．典型生态保护措施平面布置示意图	1．当评价工作范围内涉及山岭重丘区时，可提供地形地貌图、土壤类型图和土壤侵蚀分布图。 2．当评价工作范围内涉及河流、湖泊等地表水时，可提供水环境功能区划图；当涉及地下水时，可提供水文地质图件等。 3．当评价工作范围涉及海洋和海岸带时，可提供海域岸线图、海洋功能区划图，根据评价需要选做海洋渔业资源分布图、主要经济鱼类产卵场分布图、滩涂分布现状图。 4．当评价工作范围内已有土地利用规划时，可提供已有土地利用规划图和生态功能分区图。 5．当评价工作范围内涉及地表塌陷时，可提供塌陷等值线图。 6．此外，可根据评价工作范围内涉及的不同生态系统类型，选作动植物资源分布图、珍稀濒危物种分布图、基本农田分布图、绿化布置图、荒漠化土地分布图等
二级	1．项目区域地理位置图 2．工程平面图 3．土地利用现状图 4．地表水系图 5．特殊生态敏感区和重要生态敏感区空间分布图 6．主要评价因子的评价成果和预测图 7．典型生态保护措施平面布置示意图	1．当评价工作范围内涉及山岭重丘区时，可提供地形地貌图和土壤侵蚀分布图。 2．当评价工作范围内涉及河流、湖泊等地表水时，可提供水环境功能区划图；当涉及地下水时，可提供水文地质图件。 3．当评价工作范围内涉及海域时，可提供海域岸线图和海洋功能区划图。 4．当评价工作范围内已有土地利用规划时，可提供已有土地利用规划图和生态功能分区图。 5．评价工作范围内，陆域可根据评价需要选做植被类型图或绿化布置图
三级	1．项目区域地理位置图 2．工程平面图 3．土地利用或水体利用现状图 4．典型生态保护措施平面布置示意图	1．评价工作范围内，陆域可根据评价需要选做植被类型图或绿化布置图。 2．当评价工作范围内涉及山岭重丘区时，可提供地形地貌图。 3．当评价工作范围内涉及河流、湖泊等地表水时，可提供地表水系图。 4．当评价工作范围内涉及海域时，可提供海洋功能区划图。 5．当涉及重要生态敏感区时，可提供关键评价因子的评价成果图

（3）图件制作规范与要求

生态影响评价图件制作的基础数据来源包括：已有图件资料、采样、实验、地面勘测和遥感信息等。

图件基础数据来源应满足生态影响评价的时效要求，选择与评价基准时段相匹配的数据源。当图件主题内容无显著变化时，制图数据源的时效要求可在无显著变化期内适当放宽，但必须经过现场勘验校核。

生态影响评价制图的工作精度一般不低于工程可行性研究制图精度，成图精度应满足生态影响判别和生态保护措施的实施。

生态影响评价成图应能准确、清晰地反映评价主体内容，成图比例不应低于表 9.3 中的规范要求（项目区域地理位置图除外）。当成图范围过大时，可采用点线面相结合的方式，分幅成图；当涉及敏感生态保护目标时，应分幅单独成图，以提高成图精度。

表 9.3　生态影响评价图件成图比例规范要求

成图范围		成图比例尺		
		一级评价	二级评价	三级评价
面积	≥100 km^2	≥1∶10 万	≥1∶10 万	≥1∶25 万
	20～100 km^2	≥1∶5 万	≥1∶5 万	≥1∶10 万
	2～20 km^2	≥1∶1 万	≥1∶1 万	≥1∶2.5 万
	≤2 km^2	≥1∶5 000	≥1∶5 000	≥1∶1 万
长度	≥100 km	≥1∶25 万	≥1∶25 万	≥1∶25 万
	50～100 km	≥1∶10 万	≥1∶10 万	≥1∶25 万
	10～50 km	≥1∶5 万	≥1∶10 万	≥1∶10 万
	≤10 km	≥1∶1 万	≥1∶1 万	≥1∶5 万

（4）图形整饰规范

生态影响评价图件应符合专题地图制图的整饰规范要求，成图应包括图名、比例尺、方向标/经纬度、图例、注记、制图数据源（调查数据、实验数据、遥感信息源或其他）、成图时间等要素。

3．评价方法

评价方法与影响评价方法相同。

4．评价内容

（1）在阐明生态系统现状的基础上，分析影响区域内生态系统状况的主要原因。

评价生态系统的结构与功能状况（如水源涵养、防风固沙、生物多样性保护等主导生态功能）、生态系统面临的压力和存在的问题、生态系统的总体变化趋势等。

（2）分析和评价受影响区域内动、植物等生态因子的现状组成、分布。

当评价区域涉及受保护的敏感物种时，应重点分析该敏感物种的生态学特征。

当评价区域涉及特殊生态敏感区或重要生态敏感区时，应分析其生态现状、保护现状和存在的问题等。

第三节 生态影响预测与评价

一、生态影响预测与评价内容

生态影响预测与评价内容应与现状评价内容相对应，依据区域生态保护的需要和受影响生态系统的主导生态功能选择评价预测指标。

（1）评价工作范围内涉及的生态系统及其主要生态因子的影响评价。

通过分析影响作用的方式、范围、强度和持续时间来判别生态系统受影响的范围、强度和持续时间。

预测生态系统组成和服务功能的变化趋势，重点关注其中的不利影响、不可逆影响和累积生态影响。

（2）敏感生态保护目标的影响评价应在明确保护目标的性质、特点、法律地位和保护要求的情况下，分析评价项目的影响途径、影响方式和影响程度，预测潜在的后果。

（3）预测评价项目对区域现存主要生态问题的影响趋势。

二、生态影响预测与评价方法

生态影响预测与评价方法应根据评价对象的生态学特性，在调查、判定该区主要的、辅助的生态功能以及完成各功能必需的生态过程的基础上，分别采用定量分析与定性分析相结合的方法进行预测与评价。常用的方法包括列表清单法、图形叠置法、生态机理分析法、景观生态学法、指数法与综合指数法、类比分析法、系统分析法和生物多样性评价等。

1. 列表清单法

列表清单法是 Little 等于 1971 年提出的一种定性分析方法。该方法的特点是简单明了，针对性强。

（1）操作程序

列表清单法的基本做法是，将拟实施的开发建设活动的影响因素与可能受影响的环境因子分别列在同一张表格的行与列内。逐点进行分析，并逐条阐明影响的性质、强度等。由此分析开发建设活动的生态影响。

（2）应用

用于开发建设活动对生态因子的影响分析；

用于生态保护措施的筛选；

用于物种或栖息地重要性或优先度比选。

2. 图形叠置法

图形叠置法，是把两个以上的生态信息叠合到一张图上，构成复合图，用以表示生态变化的方向和程度。本方法的特点是直观、形象、简单明了。

图形叠置法有两种基本制作手段：指标法和 3S 叠图法。

（1）指标法的操作程序

① 确定评价区域范围。

② 进行生态调查，收集评价工作范围与周边地区自然环境、动植物等的信息，同时收集社会经济和环境污染及环境质量信息。

③ 进行影响识别并筛选拟评价因子，其中包括识别和分析主要生态问题。

④ 研究拟评价生态系统或生态因子的地域分异特点与规律，对拟评价的生态系统、生态因子或生态问题建立表征其特性的指标体系，并通过定性分析或定量分析方法对指标赋值或分级，再依据指标值进行区域划分。

⑤ 将上述区划信息绘制在生态图上。

（2）3S 叠图法的操作程序

① 选用地形图，或正式出版的地理地图，或经过精校正的遥感影像作为工作底图，底图范围应略大于评价工作范围。

② 在底图上描绘主要生态因子信息，如植被覆盖、动物分布、河流水系、土地利用和特别保护目标等。

③ 进行影响识别与筛选评价因子。

④ 运用 3S 技术，分析评价因子的不同影响性质、类型和程度。

⑤ 将影响因子图和底图叠加，得到生态影响评价图。

（3）图形叠置法的应用

① 主要用于区域生态质量评价和影响评价。

② 用于具有区域性影响的特大型建设项目评价中，如大型水利枢纽工程、新能源基地建设、矿业开发项目等。

③ 用于土地利用开发和农业开发中。

3. 生态机理分析法

生态机理分析法是根据建设项目的特点和受其影响的动、植物的生物学特征，依照生态学原理分析、预测工程生态影响的方法。

生态机理分析法的工作步骤如下：

（1）调查环境背景现状、搜集工程组成和建设等有关资料。

（2）调查植物和动物分布，动物栖息地和迁徙路线。

（3）根据调查结果分别对植物或动物种群、群落和生态系统进行分析，描述其分布特点、结构特征和演化等级。

（4）识别有无珍稀濒危物种及重要经济、历史、景观和科研价值的物种。

（5）监测项目建成后该地区动物、植物生长环境的变化。

（6）根据项目建成后的环境（水、气、土和生命组分）变化，对照无开发项目条件下动物、植物或生态系统演替趋势，预测项目对动物和植物个体、种群和群落的影响，并预测生态系统演替方向。

评价过程中有时要根据实际情况进行相应的生物模拟试验，如环境条件、生物习性模拟试验、生物毒理学试验、实地种植或放养试验等；或进行数学模拟，如种群增长模型的应用。

该方法需与生物学、地理学、水文学、数学及其他多学科合作评价才能得出较为客观的结果。

4. 景观生态学法

景观生态学法是通过研究某一区域、一定时段内的生态系统类群的格局、特点、综合资源状况等自然规律，以及人为干预下的演替趋势，揭示人类活动在改变生物与环境方面的作用的方法。

景观生态学对生态质量状况的评判是通过两个方面进行的，一是空间结构分析，二是功能与稳定性分析。景观生态学认为，景观的结构与功能是相当匹配的，且增加景观异质性和共生性也是生态学和社会学整体论的基本原则。

空间结构分析基于景观是高于生态系统的自然系统，是一个清晰的和可度量的单位。

景观由斑块、基质和廊道组成，其中基质是景观的背景地块，是景观中一种可以控制环境质量的组分。因此，基质的判定是空间结构分析的重要内容。判定基质有三个标准，即相对面积大、连通程度高、有动态控制功能。基质的判定多借用传统生态学中计算植被重要值的方法。

决定某一斑块类型在景观中的优势，也称优势度值（*Do*）。优势度值由密度（*Rd*）、频率（*Rf*）和景观比例（*Lp*）三个参数计算得出。其数学表达式如下：

Rd=（斑块 i 的数目 / 斑块总数）×100%

Rf=（斑块 i 出现的样方数 / 总样方数）×100%

Lp=（斑块 i 的面积 / 样地总面积）×100%

$Do=0.5\times[0.5\times(Rd+Rf)+Lp]\times100\%$

上述分析同时反映自然组分在区域生态系统中的数量和分布，因此能较准确地表示生态系统的整体性。

景观的功能和稳定性分析包括以下四方面内容。

（1）生物恢复力分析：分析景观基本元素的再生能力或高亚稳定性元素能否占主导地位。

（2）异质性分析：基质为绿地时，由于异质化程度高的基质很容易维护它的基质地位，从而达到增强景观稳定性的作用。

（3）种群源的持久性和可达性分析：分析动、植物物种能否持久保持能量流、养分流，分析物种流可否顺利地从一种景观元素迁移到另一种元素，从而增强共生性。

（4）景观组织的开放性分析：分析景观组织与周边生境的交流渠道是否畅通。开放性强的景观组织可以增强抵抗力和恢复力。景观生态学方法既可以用于生态现状评价也可以用于生境变化预测，目前是国内外生态影响评价学术领域中较先进的方法。

5. 指数法与综合指数法

指数法是利用同度量因素的相对值来表明因素变化状况的方法，是建设项目环境影响评价中规定的评价方法，指数法同样可将其拓展而用于生态影响评价中。

指数法简明扼要，且符合人们所熟悉的环境污染影响评价思路，但困难之点在于需明确建立表征生态质量的标准体系，且难以赋权和准确定量。综合指数法是从确定同度量因素出发，把不能直接对比的事物变成能够同度量的方法。

（1）单因子指数法

选定合适的评价标准，采集拟评价项目区的现状资料。

可进行生态因子现状评价：例如以同类型立地条件的森林植被覆盖率为标准，可评价项目建设区的植被覆盖现状情况；亦可进行生态因子的预测评价：如以评价区现状植被盖度为评价标准，可评价建设项目建成后植被盖度的变化率。

（2）综合指数法

① 分析研究评价的生态因子的性质及变化规律；

② 建立表征各生态因子特性的指标体系；

③ 确定评价标准；

④ 建立评价函数曲线，将评价的环境因子的现状值（开发建设活动前）与预测值（开发建设活动后）转换为统一的量纲为一的环境质量指标；

⑤ 用1～0表示优劣（“1”表示最佳的、顶极的、原始或人类干预甚少的生态状况，“0”表示最差的、极度破坏的、几乎无生物性的生态状况），由此计算出开发建设活动前后环境因子质量的变化值；

⑥ 根据各评价因子的相对重要性赋予权重；

⑦ 将各因子的变化值综合，提出综合影响评价值。即：

$$\Delta E = \sum (E_{hi} - E_{qi}) \times W_i \tag{9.1}$$

式中：ΔE—— 开发建设活动前后生态质量变化值；

E_{hi}—— 开发建设活动后 i 因子的质量指标；

E_{qi}—— 开发建设活动前 i 因子的质量指标；

W_i—— i 因子的权值。

（3）指数法应用

指数法可用于生态单因子质量评价，生态多因子综合质量评价，生态系统功能评价。

（4）说明

建立评价函数曲线须根据标准规定的指标值确定曲线的上、下限；

对于空气和水这些已有明确质量标准的因子，可直接用不同级别的标准值作上、下限；

对于无明确标准的生态因子，须根据评价目的、评价要求和环境特点选择相应的环境质量标准值，再确定上、下限。

6. 类比分析法

类比分析法是一种比较常用的定性和半定量评价方法，一般有生态整体类比、生态因子类比和生态问题类比等。

（1）方法

根据已有的开发建设活动（项目、工程）对生态系统产生的影响来分析或预测拟进行的开发建设活动（项目、工程）可能产生的影响。选择好类比对象（类比项目）是进行类比分析或预测评价的基础，也是该法成败的关键。

类比对象的选择条件是：工程性质、工艺和规模与拟建项目基本相当，生态因子（地理、地质、气候、生物因素等）相似，项目建成已有一定时间，所产生的影响已基本全部显现。

类比对象确定后，则需选择和确定类比因子及指标，并对类比对象开展调查与评价，再分析拟建项目与类比对象的差异。根据类比对象与拟建项目的比较，做出类比分析结论。

（2）应用

① 进行生态影响识别和评价因子筛选；

② 以原始生态系统作为参照，可评价目标生态系统的质量；

③ 进行生态影响的定性分析与评价；

④ 进行某一个或几个生态因子的影响评价；

⑤ 预测生态问题的发生与发展趋势及其危害；

⑥ 确定环保目标和寻求最有效、可行的生态保护措施。

7. 系统分析法

系统分析法是指把要解决的问题作为一个系统，对系统要素进行综合分析，找出解决问题的可行方案的咨询方法。

具体步骤包括：限定问题、确定目标、调查研究、收集数据、提出备选方案和评价标准、备选方案评估和提出最可行方案。

系统分析法因其能妥善地解决一些多目标动态性问题，目前已广泛应用于各行各业，尤其在进行区域开发或解决优化方案选择问题时，系统分析法能显示出其他方法所不能达到的效果。

在生态系统质量评价中使用系统分析的具体方法有专家咨询法、层次分析法、模糊综合评判法、综合排序法、系统动力学、灰色关联等方法，这些方法原则上都适用于生态影响评价。

8．生物多样性评价方法

生物多样性评价是指通过实地调查，分析生态系统和生物种的历史变迁、现状和存在主要问题的方法，评价目的是有效保护生物多样性。

生物多样性通常用香农—威纳指数（Shannon-Wiener index）表征：

$$H = -\sum_{1}^{s} P_i \ln(P_i) \tag{9.2}$$

式中：H—— 样品的信息含量（彼得/个体），群落的多样性指数；

S——种数；

P_i——样品中属于第 i 种的个体比例，如样品总个体数为 N，第 i 种个体数为 n_i，则 $P_i=n_i/N$

9．海洋及水生生物资源影响评价方法

海洋生物资源影响评价技术方法依据评价指标不同，选取《建设项目对海洋生物资源影响评价技术规程》中规定的方法进行评价；水生生物资源影响评价技术方法，可适当参照该技术规程及其他推荐的适用方法。

10．土壤侵蚀预测方法

土壤侵蚀预测方法可以参照《开发建设项目水土保持技术规范》，采用类比法进行水土流失预测。

当具有类似工程水土流失实测资料时，应列表分析预测工程与实测工程在地形地貌和气象特征、植被类型和覆盖率、土壤、扰动地表的组成物质和坡度、坡长、侵蚀类型、弃土（石、渣）的堆积形态等水土流失主要因子的可比性。

当预测工程与实测工程具有较强的可比性时，可采用类比法进行水土流失预测，根据对水土流失影响的因子比较，对有关参数进行修正。

土壤流失量可按下式计算：

$$W = \sum_{i=1}^{n}\sum_{k=1}^{3} F_i \times M_{ik} \times T_{ik} \tag{9.3}$$

新增土壤流失量可按下式计算：

$$\Delta W = \sum_{i=1}^{n}\sum_{k=1}^{3} F_i \times \Delta M_{ik} \times T_{ik} \tag{9.4}$$

$$\Delta M_{ik}=\frac{(M_{ik}-M_{i0})+\left|M_{ik}-M_{i0}\right|}{2} \tag{9.5}$$

式中：W—— 扰动地表土壤流失量，t；

ΔW—— 扰动地表新增土壤流失量，t；

i—— 预测单元（1，2，3，…，n）；

k—— 预测时段（1，2，3），指施工预备期、施工期和自然恢复期；

F_i—— 第 i 个预测单元的面积，km^2；

M_{ik}—— 扰动后不同预测单元不同时段的土壤侵蚀模数，t/（km^2 • a）；

ΔM_{ik}—— 不同单元各时段新增土壤侵蚀模数，t/（km^2 • a）；

M_{i0}—— 扰动前不同预测单元土壤侵蚀模数，t/（km^2 • a）；

T_{ik}—— 预测时段（扰动时段），a。

注：当各区土壤侵蚀强度恢复到土壤侵蚀容许值及以下时，不再计算。当弃土、弃渣外表面积每年变化时应分年计算和预测。

三、生态影响的防护、恢复、补偿及替代方案

1．生态影响的防护、恢复与补偿原则

（1）应按照避让、减缓、补偿和重建的次序提出生态影响防护与恢复的措施；所采取措施的效果应有利修复和增强区域生态功能。

（2）凡涉及不可替代、极具价值、极敏感、被破坏后很难恢复的敏感生态保护目标（如特殊生态敏感区、珍稀濒危物种）时，必须提出可靠的避让措施或生境替代方案。

（3）涉及采取措施后可恢复或修复的生态目标时，也应尽可能提出避让措施；否则，应制订恢复、修复和补偿措施。各项生态保护措施应按项目实施阶段分别提出，并提出实施时限和估算经费。

2．替代方案

（1）替代方案主要指项目中的选线、选址替代方案，项目的组成和内容替代方案，工艺和生产技术的替代方案，施工和运营的替代方案，生态保护措施的替代方案。

（2）评价应对替代方案进行生态可行性论证，优先选择生态影响最小的替代方案，最终选定的方案至少应该是生态保护可行的方案。

3. 生态保护措施

（1）生态保护措施应包括保护对象和目标，内容、规模及工艺，实施空间和时序，保障措施和预期效果分析，绘制生态保护措施平面布置示意图和典型措施设施工艺图。估算或概算环境保护投资。

（2）对可能具有重大、敏感生态影响的建设项目，区域、流域开发项目，应提出长期的生态监测计划、科技支撑方案，明确监测因子、方法、频次等。

（3）明确施工期和运营期管理原则与技术要求。可提出环境保护工程分标与招投标原则，施工期工程环境监理，环境保护阶段验收和总体验收、环境影响后评价等环保管理技术方案。

四、结论与建议

从生态影响及生态恢复、补偿等方面，对项目建设的可行性提出结论与建议。

思考题

1. 简述生态影响评价的原则。
2. 生态环境影响评价工作等级如何划分？
3. 简述生态环境影响工程分析的内容。
4. 简述生态现状调查的内容和方法。
5. 简述生态影响的防护、恢复与补偿原则。

第十章　环境风险评价

第一节　环境风险评价概述

一、环境风险评价国内外研究进展

在现代工业高速发展的同时，世界环境史上曾发生几起震惊世界的重大环境污染事件，其中影响较大和后果较严重的当属20世纪80年代发生的印度博帕尔市农药厂异氰酸酯毒气泄漏与前苏联切尔诺贝利核电站事故，因此人们逐渐认识并关心重大突发性事故造成的环境危害的评价问题。

环境风险评价常称事故风险评价，它主要考虑与项目连在一起的突发性灾难事故，包括易燃易爆和有毒物质、放射性物质失控状态下的泄漏，大型技术系统（桥梁、水坝等）的故障。发生这种灾难性事故的概率虽然很小，但影响的程度往往是巨大的。

关于事故风险（或事故后果评价），国际上是沿着三条线发展的，其一称为概率风险评价（Probability Risk Assessment，PRA），它是在事故发生前，预测某设施（或项目）可能发生什么事故及其可能造成的环境（或健康）风险；其最好的范例是美国核管会（NRC）于1975年完成的对核电站所进行的系统的安全研究，其研究成果就是著名的巨著 WASH-1400 报告，其中系统地发展和建立了所谓的概率风险评价方法。其二为实时（Real-time）后果评价，其主要研究对象是在事故发生期间给出实时的有毒物质的迁移轨迹及实时浓度分布，以便作出正确的防护措施决策，减少事故的危害。主要标志之一是国际原子能机构（IAEA）于1988年 10 月与美国利物莫国立实验所在该所联合召开的第一届实时剂量评价国际研讨会。我国于1989—1992年开发了第一套（秦山）核电厂事故应急实时剂量评价系统。其三称为事故后后果（Over-event 或 Past Accident）评价，主要研究事故停止后对环境的影响，其主要标志是1988—1994年由IAEA及欧盟共同发起主持的有20多个国家参加的大型长期国际协调研究项目“核素在陆地、水体、城市诸环境中迁移模式有效性研究”（简称“VAMP”），主要研究前苏联切尔诺贝利核电站事故停止后对中、西欧的影响后果。

在这里我们主要讨论的环境风险评价属于第一类，即预测某设施（或项目）建成后可能造成的风险，WASH-1400（核电厂概率风险评价指南）报告可看作是它的里程碑。印度博帕尔市农药厂事故后，世界银行环境和科学部颁布了关于“控制影响厂外人员和环境的重大危害事故”的导则和指南。此外，联合国环境规划署（UNEP）制定了阿佩尔 （APELL）计划，即“地区性紧急事故的意识和防备”。1987年，欧盟进行立法，规定对有可能发生危险化学事故的工厂必须进行环境风险评价。IAEA、WHO（世界卫生组织）、UNEP 和 UNIDO（联合国工业发展组织）于1987年联合组织大型国际合作研究计划“能源和其他复杂工业体系所引起的健康与环境风险的评价与管理（1987—1994年）”。20世纪80年代，在美国的一些州环保局（SEPA），风险评价成为环境影响评价的一个组成部分。亚洲开发银行于1990年出版了《环境风险管理》。

在我国，20世纪80年代也开始了对事故风险的重视与研究工作。国家环保局于1990年下发文件，要求对重大环境污染事故隐患进行环境风险评价。20世纪90年代在我国的重大项目环境影响报告中也普遍开展了环境风险的评价，尤其是世界银行和亚洲开发银行贷款项目的环境影响报告中必须包含环境风险评价的章节。

2004年环保部发布并实施了《建设项目环境风险评价技术导则》，将建设项目环境风险评价纳入环境影响评价管理范畴，提高了环境风险评价和审查工作的质量和效率。

二、环境风险评价的基本概念

《建设项目环境风险评价技术导则》中对风险评价的基本术语和概念进行了描述，以下介绍几个在实际工作中常用到的术语。

环境风险是指突发性事故对环境（或健康）的危害程度，用风险值 R 表征，其定义为事故发生概率 P 与事故造成的环境（或健康）后果 C 的乘积，用 R 表示，即：

$$R\left[\frac{\text{危害}}{\text{单位时间}}\right]=P\left[\frac{\text{事故}}{\text{单位时间}}\right]\times C\left[\frac{\text{危害}}{\text{事故}}\right]$$

建设项目环境风险评价是指对建设项目建设和运行期间发生的可预测突发性事件或事故（一般不包括人为破坏及自然灾害）引起的有毒有害、易燃易爆等物质泄漏，或突发事件产生的新的有毒有害物质，所造成的对人身安全与环境的影响和损害进行评估，提出防范、应急与减缓措施。

最大可信事故是指在所有预测的概率不为零的事故中，对环境（或健康）危害最严重的重大事故。

重大事故是指导致有毒有害物泄漏的火灾、爆炸和有毒有害物泄漏的事故，给公众带来严重危害，对环境造成严重污染。

危险物质是指一种物质或若干物质的混合物，由于它的化学、物理性质或毒性，使其具有导致火灾、爆炸或中毒的危险。

功能单元是指至少应包括一个（套）危险物质的主要生产装置、设施（贮存容器、管道等）及环保处理设施，或同属一个工厂且边缘距离小于 500 m 的几个（套）生产装置、设施；每一个功能单元要有边界和特定的功能，在泄漏事故中能有与其他单元分割开的地方。其中，长期或短期生产、加工、运输、使用或贮存危险物质，且危险物质的数量等于或超过临界量的功能单元，称为重大危险源。在判断重大危险源时，对于某种或某类危险物质规定的数量，若功能单元中物质数量等于或超过该数量，则该功能单元定为重大危险源，规定的数量则称为临界量。

池火是由可燃液体泄漏后流到地面形成液池，或流到水面并覆盖水面，遇到火源燃烧而形成池火。加压的可燃物质泄漏时形成射流，在泄漏口处点燃，由此形成喷射火。由于火种作用于容器，过热的容器导致低温可燃液体沸腾，使容器的内压加大，致使容器外壳强度减弱，直至爆炸，内容物释放并被点燃，形成火球。泄漏的可燃气体、液体蒸发的蒸汽在空气中扩散，遇到火源发生突然燃烧而没有爆炸，不造成冲击波损害，但弥散气雾的延迟燃烧造成伤害，则称为突发火。

发生化学爆炸是指物质由于化学结构发生根本性变化，在瞬间放出大量能量并对外做功，引起的爆炸，包括分散的可燃性蒸气的突然或缓慢燃烧形成的气雾爆炸、在有限空间内混合可燃气体爆炸、反应失控或其他工艺反常所造成的压力容器爆炸和不稳定的固体或液体爆炸。

毒性风险评价，包括急性中毒和慢性中毒。急性中毒是指发生在短时间毒物高浓度情况下，引起人体机体发生某种损伤，其中包括刺激、麻醉和窒息。刺激是指毒物影响呼吸系统、皮肤、眼睛；麻醉是指毒物影响人们的神经反射系统，使人反应迟钝；窒息是指因毒物使人体缺氧，身体氧化作用受损的病理状态。慢性中毒是指在较长时间接触低浓度毒物，引起人体机体发生某种损伤。

三、环境风险评价的范围

《建设项目环境风险评价技术导则》规定，对于涉及有毒有害和易燃易爆物质的生产、使用、贮运等的新建、改建、扩建和技术改造项目（不包括核建设项目），要进行环境风险评价。其中新建、改建、扩建和技术改造项目主要是指国家环境保护总局颁布的《建设项目环境保护管理名录》中的化学原料及化学品制造、石油和天然气开采与炼制、信息化学品制造、化学纤维制造、有色金属冶炼加工、采掘业、建材等新建、改建、扩建和技术改造项目。

四、环境风险评价的目的和重点

环境风险评价的目的是分析和预测建设项目存在的潜在危险、有害因素，建设项目建设和运行期间可能发生的突发性事件或事故（一般不包括人为破坏及自然灾害），引起有毒有害和易燃易爆等物质泄漏，所造成的人身安全与环境影响和损害程度，提出合理可行的防范、应急与减缓措施，以使建设项目事故率、损失和环境影响达到可接受水平。

环境风险评价应把事故引起厂（场）界外人群的伤害、环境质量的恶化及对生态系统影响的预测和防护作为评价工作重点，环境风险评价在条件允许的情况下，可利用安全评价数据开展环境风险评价，环境风险评价关注点是事故对厂（场）界外环境的影响。

第二节　环境风险评价的内容

一、评价工作等级

环境风险评价等级的划分，要根据评价项目的物质危险性和功能单元重大危险源判定结果，以及环境敏感程度等因素，划分为一级、二级。

工作时，先对建设项目进行初步工程分析，选择生产、加工、运输、使用或贮存中涉及的1～3个主要化学品进行物质危险性判定，判断其属于剧毒物质还是一般毒物，判断其是否属于火灾、爆炸危险物质。

对环境敏感程度进行分析，判断敏感区是否属于《建设项目环境保护管理名录》中规定的需特殊保护地区、生态敏感与脆弱区及社会关注区。

同时根据建设项目初步工程分析，划分功能单元，判定是否为重大危险源。

具体的评价工作级别可以按表10.1进行划分。

表10.1　评价工作级别的划分（一级、二级）

敏感区	剧毒危险性物质	一般毒性危险物质	可燃、易燃危险性物质	爆炸危险性物质
重大污染源	一	二	一	一
非重大污染源	二	二	二	二
环境敏感地区	一	一	一	一

说明：一级评价应按《建设项目环境风险评价技术导则》对事故影响进行定量预测，说明影响范围和程度，提出防范、减缓和应急措施；二级评价参照《建设项目环境风险评价技术导则》进行风险识别、源项分析和对事故影响进行简要分析，提出防范、减缓和应急措施。

二、评价工作程序

环境风险评价工作程序如图10.1所示。

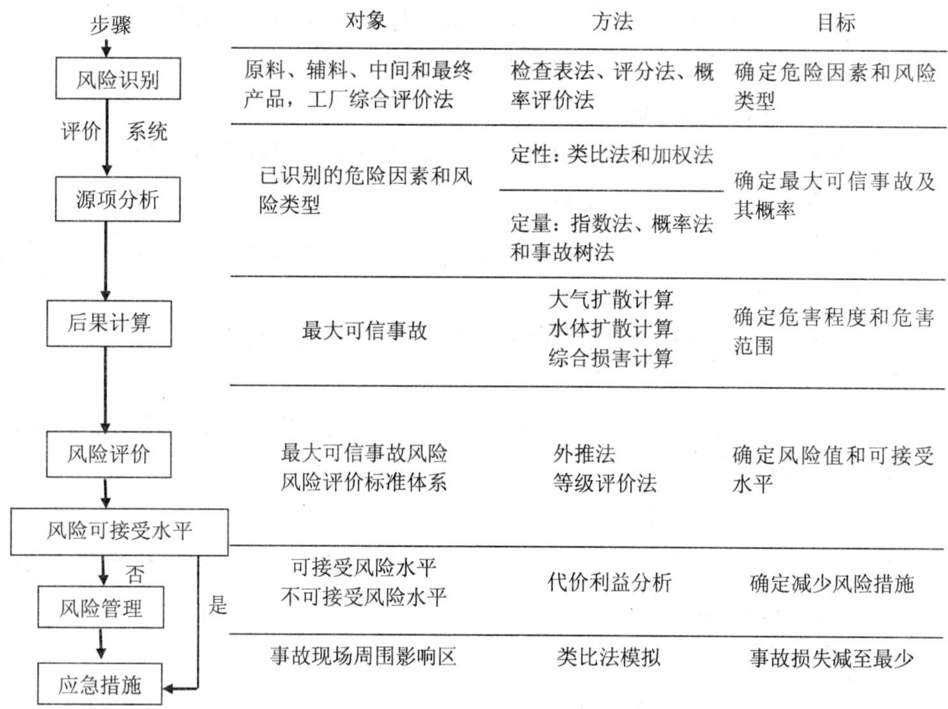

图 10.1　环境风险评价工作程序

三、环境风险评价的基本内容

环境风险评价包括风险识别、源项分析、后果计算、风险计算和评价、风险管理等内容。

一般对危险化学品按其伤害阈和工业场所有害因素职业接触限值及敏感区位置，确定影响评价范围：大气环境影响一级评价范围，距离源点不低于 5 km；二级评价范围，距离源点不低于 3 km。地面水和海洋评价范围按《环境影响评价技术导则　地面水环境》规定执行。

1. 风险识别

风险识别的范围包括生产设施风险识别和生产过程所涉及的物质风险识别。生产设施风险识别范围包括主要生产装置、贮运系统、公用工程系统、工程环保设施及辅助生产设施等。物质风险识别范围包括主要原材料及辅助材料、燃料、中间产品、最终产品以及生产过程排放的“三废”污染物等。

根据有毒有害物质放散起因，分为火灾、爆炸和泄漏三种类型。

风险识别的内容主要包括三个方面。

第一，资料收集和准备。

建设项目工程资料：可行性研究、工程设计资料、建设项目安全评价资料、安全管理体制及事故应急预案资料。

环境资料：利用环境影响报告书中有关厂址周边环境和区域环境资料，重点收集人口分布资料。

事故资料：国内外同行业事故统计分析及典型事故案例资料。

第二，物质危险性识别。

对项目所涉及的有毒有害、易燃易爆物质进行危险性识别和综合评价，筛选环境风险评价因子。

第三，生产过程潜在危险性识别。

根据建设项目的生产特征，结合物质危险性识别，对项目功能系统划分功能单元，确定潜在的危险单元及重大危险源。

2．源项分析

源项分析主要是确定最大可信事故的发生概率、危险化学品的泄漏量。可以采取类比法、加权法和因素图分析法等定性分析方法，也可以采取概率法和指数法等定量分析法。最大可信事故概率可以用事件树、事故树分析法或类比法等方法确定。分析危险化学品的泄漏量，包括确定泄漏时间，估算泄漏速率，计算泄漏量。泄漏量计算包括液体泄漏速率、气体泄漏速率、两相流泄漏、泄漏液体蒸发量等的计算。

3．后果计算

环境风险评价的后果计算主要包括两个方面，一是有毒有害物质在大气中的扩散，二是有毒有害物质在水中的扩散。

有毒有害物质在大气中的扩散，采用多烟团模式、分段烟羽模式、重气体扩散模式等计算，按一年气象资料逐时滑移或按天气取样规范取样，计算各网格点和关心点浓度值，然后对浓度值由小到大排序，取其累积概率水平为95%的值，作为各网格点和关心点的浓度代表值进行评价。

有毒有害物质在水中的扩散，根据纳污水体不同，采用不同的模式进预测。

4．风险计算和评价

风险值是风险评价表征量，包括事故的发生概率和事故的危害程度，定义为：

$$风险值\left(\frac{后果}{时间}\right)=概率\left(\frac{事故数}{单位时间}\right)\times危害程度\left(\frac{后果}{每次事故}\right)$$

大气环境风险评价，首先计算浓度分布，然后按《工作场所有害因素职业接触限值》规定的短时间接触容许浓度给出该浓度分布范围及在该范围内的人口分布。水环境风险评价，以水体中污染物浓度分布、面积及污染物质质点轨迹漂移等指标进行分析，浓度分布以对水生生态损害阈作比较。对以生态系统损害为特征的事故风险评价，按损害的生态资源的价值进行比较分析，给出损害范围和损害值。

进行风险计算时，针对后果综述，可以用图或表综合列出有毒有害物质泄漏后所造成的多种危害后果。针对危害进行计算时，涉及三种情况。

对于任一毒物泄漏，从吸入途径造成的效应包括：感官刺激或轻度伤害、确定性效应（急性致死）、随机性效应（致癌或非致癌等效致死率），一般只考虑急性危害。在实际应用中，通过进行简化分析，用半致死浓度来求毒性影响。若事故发生后下风向某处，某一化学污染物的浓度最大值大于或等于该化学污染物的半致死浓度，则事故导致评价区内因发生污染物致死确定性效应而致死的人数 C_i 由下式给出：

$$C_i=\sum_{\ln}0.5N(X_{i\ln},Y_{j\ln}) \tag{10.1}$$

式中：N（$X_{i\ln}$，$Y_{j\ln}$ ）—— 浓度超过污染物半致死浓度区域中的人数。

对于最大可信事故所有有毒有害物泄漏所致环境危害，为各种危害总和。

对于最大可信灾害事故对环境所造成的风险 R 按下式计算：

$$R=PC \tag{10.2}$$

式中：R —— 风险值；

P —— 最大可信事故概率（事件数/单位时间）；

C —— 最大可信事故造成的危害（损害/事件）。

风险评价需要从各功能单元的最大可信事故风险 R_j 中，选出危害最大的作为本项目的最大可信灾害事故，并以此作为风险可接受水平的分析基础，即：

$$R_{\max}=f(R_i) \tag{10.3}$$

进行风险评价时，风险可接受分析采用最大可信灾害事故风险值 $R_{\max}$ 与同行业可接受风险水平 R_L 比较：

$R_{\max}\leqslant R_L$ 则认为对于本项目的建设，风险水平是可以接受的；

$R_{max}>R_L$ 则对该项目需要采取降低安全的措施，以达到可接受水平，否则项目的建设是不可接受的。

5．风险管理

风险管理主要包括风险防范措施和应急预案两个方面。

风险防范措施包括以下几个方面：

选址、总图布置和建筑安全防范措施：厂址及周围居民区、环境保护目标设置卫生防护距离，厂区周围工矿企业、车站、码头、交通干道等设置安全防护距离和防火间距；厂区总平面布置符合防范事故要求，有应急救援设施及救援通道、应急疏散及避难所。

危险化学品贮运安全防范措施：对贮存危险化学品数量构成危险源的贮存地点、设施和贮存量提出要求，与环境保护目标和生态敏感目标的距离符合国家有关规定。

工艺技术设计安全防范措施：自动监测、报警、紧急切断及紧急停车系统，防火、防爆、防中毒等事故处理系统，应急救援设施及救援通道，应急疏散通道及避难所。

自动控制设计安全防范措施：有可燃气体、有毒气体检测报警系统和在线分析系统设计方案。

电气、电讯安全防范措施：爆炸危险区域、腐蚀区域划分及防爆、防腐方案。

消防及火灾报警系统。

紧急救援站或有毒气体防护站设计等方面。

应急预案的主要内容如表 10.2 所示。

表 10.2　应急预案的主要内容

序号	项目	内容及要求
1	应急计划区	危险目标：装置区、贮罐区，环境保护目标
2	应急组织机构、人员	工厂、地区应急组织机构、人员
3	预案分级响应条件	规定预案的级别及分级响应程序
4	应急救援保障	应急设施，设备与器材等
5	报警、通信联络方式	规定应急状态下的报警通信方式、通知方式和交通保障、管制
6	应急环境监测、抢险、救援及控制措施	由专业队伍负责对事故现场进行侦察监测，对事故性质、参数与后果进行评估，为指挥部门提供决策依据

序号	项目	内容及要求
7	应急检测、防护措施、清除泄漏措施和器材	事故现场、邻近区域、控制防火区域，控制和清除污染措施及相应设备
8	人员紧急撤离、疏散，应急剂量控制、撤离组织计划	事故现场、工厂邻近区、受事故影响的区域人员及公众对毒物应急剂量控制规定，撤离组织计划及救护，医疗救护与公众健康
9	事故应急救援关闭程序与恢复措施	规定应急状态终止程序，事故现场善后处理，恢复措施，邻近区域解除事故警戒及善后恢复措施
10	应急培训计划	应急计划制订后，平时安排人员培训与演练
11	公众教育和信息	对工厂邻近地区开展公众教育、培训和发布有关信息

思考题

1. 根据《建设项目环境风险评价技术导则》规定，哪些项目要进行环境风险评价？
2. 简述环境风险评价的目的和重点。
3. 怎样确定环境风险评价的工作等级？
4. 简述环境风险评价的基本内容。
5. 风险识别的内容包括哪几个方面？
6. 风险防范措施包括哪几个方面？

参考文献

[1] 中华人民共和国环境保护部．HJ 2.1—2011 环境影响评价技术导则—总纲[S]．北京：中国环境科学出版社，2011．

[2] 中华人民共和国环境保护部．HJ 2.2—2008 环境影响评价技术导则—大气环境[S]．北京：中国环境科学出版社，2008．

[3] 中华人民共和国环境保护部．HJ 2.3—93 环境影响评价技术导则—地面水环境[S]．北京：中国环境科学出版社，1993．

[4] 中华人民共和国环境保护部．HJ 610—2016 环境影响评价技术导则—地下水环境[S]．北京：中国环境出版社，2016．

[5] 中华人民共和国环境保护部．HJ 2.4—2009 环境影响评价技术导则—声环境[S]．北京：中国环境科学出版社，2009．

[6] 中华人民共和国环境保护部．HJ 19—2009 环境影响评价技术导则—生态影响[S]．北京：中国环境科学出版社，2011．

[7] 中华人民共和国环境保护部．HJ/T 131—2003 开发区区域环境影响评价技术导则[S]．北京：中国环境科学出版社，2003．

[8] 中华人民共和国建设部，中华人民共和国国家质量监督检验检疫总局．GB 50433—2008 开发建设项目水土保持技术规范[S]．北京：中国计划出版社，2008．

[9] 中华人民共和国环境保护部，中华人民共和国国家质量监督检验检疫总局．GB 3096—2008 声环境质量标准[S]．北京：中国环境科学出版社，2008．

[10] 中华人民共和国环境保护部，中华人民共和国国家质量监督检验检疫总局．GB 3838—2002 地表水环境质量标准[S]．北京：中国环境科学出版社，2002．

[11] 中华人民共和国环境保护部，中华人民共和国国家质量监督检验检疫总局．GB 3095—2012 环境空气质量标准[S]．北京：中国环境科学出版社，2012．

[12] U.S. ENVIRONMENTAL PROTECTION AGENCY. EPA-454/B-95-004，SCREEN3 Model User's Guide.

[13] 《环境影响评价技术导则 大气环境》 HJ 2.2—2008 推荐模式- SCREEN3 中文应用手册（2008-1-5 V1.0）[EB/OL]. http://www.lem.org.cn/support/mode_03.html.

[14] 《环境影响评价法》颁布十周年宣传. www.china-eia.com/publish/hjyx/index.htm.

[15] 中国清洁生产网. http://www.cncpn.org.cn.
[16] 朱世云，林春绵，等. 环境影响评价[M]. 2 版. 北京：化学工业出版社，2013.
[17] 马太玲，张江山，等. 环境影响评价[M]. 2 版. 武汉：华中科技大学出版社，2012.
[18] 黄健平，宋新山，李海华，等. 环境影响评价[M]. 北京：化学工业出版社，2013.
[19] 何德文，李铌，柴立元，等. 环境影响评价[M]. 北京：科学出版社，2013.
[20] 钱瑜. 环境影响评价[M]. 2 版. 南京：南京大学出版社，2012.
[21] 韩香云，陈天明. 环境影响评价[M]. 北京：化学工业出版社，2013.
[22] 李有，刘文霞. 环境影响评价实用教程[M]. 北京：化学工业出版社，2015.
[23] 国家环境保护总局监督管理司. 中国环境影响培训教材[M]. 北京：化学工业出版社，2000.
[24] 陆雍森，等. 环境评价[M]. 2 版. 上海：同济大学出版社，1999.
[25] 程胜高，张聪辰，等. 环境影响评价与环境规划[M]. 北京：中国环境科学出版社，1999.
[26] 丁桑岚，等. 环境评价概论[M]. 北京：化学工业出版社，2001.
[27] 郦桂芬. 环境质量评价[M]. 北京：中国环境科学出版社，1989.

附　录

中华人民共和国环境影响评价法

（2002年10月28日第九届全国人民代表大会常务委员会第三十次会议通过）

目　录

第一章　总　则
第二章　规划的环境影响评价
第三章　建设项目的环境影响评价
第四章　法律责任
第五章　附　则

第一章　总　则

第一条　为了实施可持续发展战略，预防因规划和建设项目实施后对环境造成不良影响，促进经济、社会和环境的协调发展，制定本法。

第二条　本法所称环境影响评价，是指对规划和建设项目实施后可能造成的环境影响进行分析、预测和评估，提出预防或者减轻不良环境影响的对策和措施，进行跟踪监测的方法与制度。

第三条　编制本法第九条所规定的范围内的规划，在中华人民共和国领域和中华人民共和国管辖的其他海域内建设对环境有影响的项目，应当依照本法进行环境影响评价。

第四条　环境影响评价必须客观、公开、公正，综合考虑规划或者建设项目实施后对各种环境因素及其所构成的生态系统可能造成的影响，为决策提供科学依据。

第五条　国家鼓励有关单位、专家和公众以适当方式参与环境影响评价。

第六条　国家加强环境影响评价的基础数据库和评价指标体系建设，鼓励和支持对环境影响评价的方法、技术规范进行科学研究，建立必要的环境影响评价信息共享制度，提高环境影响评价的科学性。

国务院环境保护行政主管部门应当会同国务院有关部门，组织建立和完善环境影响评价的基础数据库和评价指标体系。

第二章　规划的环境影响评价

第七条　国务院有关部门、设区的市级以上地方人民政府及其有关部门，对其组织编制的土地利用的有关规划，区域、流域、海域的建设、开发利用规划，应当在规划编制过程中组织进行环境影响评价，编写该规划有关环境影响的篇章或者说明。

规划有关环境影响的篇章或者说明，应当对规划实施后可能造成的环境影响作出分析、预测和评估，提出预防或者减轻不良环境影响的对策和措施，作为规划草案的组成部分一并报送规划审批机关。

未编写有关环境影响的篇章或者说明的规划草案，审批机关不予审批。

第八条　国务院有关部门、设区的市级以上地方人民政府及其有关部门，对其组织编制的工业、农业、畜牧业、林业、能源、水利、交通、城市建设、旅游、自然资源开发的有关专项规划（以下简称专项规划），应当在该专项规划草案上报审批前，组织进行环境影响评价，并向审批该专项规划的机关提出环境影响报告书。

前款所列专项规划中的指导性规划，按照本法第七条的规定进行环境影响评价。

第九条　依照本法第七条、第八条的规定进行环境影响评价的规划的具体范围，由国务院环境保护行政主管部门会同国务院有关部门规定，报国务院批准。

第十条　专项规划的环境影响报告书应当包括下列内容：

（一）实施该规划对环境可能造成影响的分析、预测和评估；

（二）预防或者减轻不良环境影响的对策和措施；

（三）环境影响评价的结论。

第十一条 专项规划的编制机关对可能造成不良环境影响并直接涉及公众环境权益的规划，应当在该规划草案报送审批前，举行论证会、听证会，或者采取其他形式，征求有关单位、专家和公众对环境影响报告书草案的意见。但是，国家规定需要保密的情形除外。

编制机关应当认真考虑有关单位、专家和公众对环境影响报告书草案的意见，并应当在报送审查的环境影响报告书中附具对意见采纳或者不采纳的说明。

第十二条 专项规划的编制机关在报批规划草案时，应当将环境影响报告书一并附送审批机关审查；未附送环境影响报告书的，审批机关不予审批。

第十三条 设区的市级以上人民政府在审批专项规划草案，作出决策前，应当先由人民政府指定的环境保护行政主管部门或者其他部门召集有关部门代表和专家组成审查小组，对环境影响报告书进行审查。审查小组应当提出书面审查意见。

参加前款规定的审查小组的专家，应当从按照国务院环境保护行政主管部门的规定设立的专家库内的相关专业的专家名单中，以随机抽取的方式确定。

由省级以上人民政府有关部门负责审批的专项规划，其环境影响报告书的审查办法，由国务院环境保护行政主管部门会同国务院有关部门制定。

第十四条 设区的市级以上人民政府或者省级以上人民政府有关部门在审批专项规划草案时，应当将环境影响报告书结论以及审查意见作为决策的重要依据。

在审批中未采纳环境影响报告书结论以及审查意见的，应当作出说明，并存档备查。

第十五条 对环境有重大影响的规划实施后，编制机关应当及时组织环境影响的跟踪评价，并将评价结果报告审批机关；发现有明显不良环境影响的，应当及时提出改进措施。

第三章 建设项目的环境影响评价

第十六条 国家根据建设项目对环境的影响程度，对建设项目的环境影响评价实行分类管理。

建设单位应当按照下列规定组织编制环境影响报告书、环境影响报告表或者填报环境影响登记表（以下统称环境影响评价文件）：

（一）可能造成重大环境影响的，应当编制环境影响报告书，对产生的环境影响进行全面评价；

（二）可能造成轻度环境影响的，应当编制环境影响报告表，对产生的环境影响进行分析或者专项评价；

（三）对环境影响很小、不需要进行环境影响评价的，应当填报环境影响登记表。

建设项目的环境影响评价分类管理名录，由国务院环境保护行政主管部门制定并公布。

第十七条　建设项目的环境影响报告书应当包括下列内容：

（一）建设项目概况；

（二）建设项目周围环境现状；

（三）建设项目对环境可能造成影响的分析、预测和评估；

（四）建设项目环境保护措施及其技术、经济论证；

（五）建设项目对环境影响的经济损益分析；

（六）对建设项目实施环境监测的建议；

（七）环境影响评价的结论。

涉及水土保持的建设项目，还必须有经水行政主管部门审查同意的水土保持方案。

环境影响报告表和环境影响登记表的内容和格式，由国务院环境保护行政主管部门制定。

第十八条　建设项目的环境影响评价，应当避免与规划的环境影响评价相重复。

作为一项整体建设项目的规划，按照建设项目进行环境影响评价，不进行规划的环境影响评价。

已经进行了环境影响评价的规划所包含的具体建设项目，其环境影响评价内容建设单位可以简化。

第十九条　接受委托为建设项目环境影响评价提供技术服务的机构，应当经国务院环境保护行政主管部门考核审查合格后，颁发资质证书，按照资质证书规定的等级和评价范围，从事环境影响评价服务，并对评价结论负责。为建设项目环境影响评价提供技术服务的机构的资质条件和管理办法，由国务院环境保护行政主管部门制定。

国务院环境保护行政主管部门对已取得资质证书的为建设项目环境影响评价

提供技术服务的机构的名单，应当予以公布。

为建设项目环境影响评价提供技术服务的机构，不得与负责审批建设项目环境影响评价文件的环境保护行政主管部门或者其他有关审批部门存在任何利益关系。

第二十条 环境影响评价文件中的环境影响报告书或者环境影响报告表，应当由具有相应环境影响评价资质的机构编制。

任何单位和个人不得为建设单位指定对其建设项目进行环境影响评价的机构。

第二十一条 除国家规定需要保密的情形外，对环境可能造成重大影响、应当编制环境影响报告书的建设项目，建设单位应当在报批建设项目环境影响报告书前，举行论证会、听证会，或者采取其他形式，征求有关单位、专家和公众的意见。

建设单位报批的环境影响报告书应当附具对有关单位、专家和公众的意见采纳或者不采纳的说明。

第二十二条 建设项目的环境影响评价文件，由建设单位按照国务院的规定报有审批权的环境保护行政主管部门审批；建设项目有行业主管部门的，其环境影响报告书或者环境影响报告表应当经行业主管部门预审后，报有审批权的环境保护行政主管部门审批。

海洋工程建设项目的海洋环境影响报告书的审批，依照《中华人民共和国海洋环境保护法》的规定办理。

审批部门应当自收到环境影响报告书之日起六十日内，收到环境影响报告表之日起三十日内，收到环境影响登记表之日起十五日内，分别作出审批决定并书面通知建设单位。

预审、审核、审批建设项目环境影响评价文件，不得收取任何费用。

第二十三条 国务院环境保护行政主管部门负责审批下列建设项目的环境影响评价文件：

（一）核设施、绝密工程等特殊性质的建设项目；

（二）跨省、自治区、直辖市行政区域的建设项目；

（三）由国务院审批的或者由国务院授权有关部门审批的建设项目。

前款规定以外的建设项目的环境影响评价文件的审批权限，由省、自治区、直辖市人民政府规定。

建设项目可能造成跨行政区域的不良环境影响，有关环境保护行政主管部门对该项目的环境影响评价结论有争议的，其环境影响评价文件由共同的上一级环境保护行政主管部门审批。

第二十四条 建设项目的环境影响评价文件经批准后，建设项目的性质、规模、地点、采用的生产工艺或者防治污染、防止生态破坏的措施发生重大变动的，建设单位应当重新报批建设项目的环境影响评价文件。

建设项目的环境影响评价文件自批准之日起超过五年，方决定该项目开工建设的，其环境影响评价文件应当报原审批部门重新审核；原审批部门应当自收到建设项目环境影响评价文件之日起十日内，将审核意见书面通知建设单位。

第二十五条 建设项目的环境影响评价文件未经法律规定的审批部门审查或者审查后未予批准的，该项目审批部门不得批准其建设，建设单位不得开工建设。

第二十六条 建设项目建设过程中，建设单位应当同时实施环境影响报告书、环境影响报告表以及环境影响评价文件审批部门审批意见中提出的环境保护对策措施。

第二十七条 在项目建设、运行过程中产生不符合经审批的环境影响评价文件的情形的，建设单位应当组织环境影响的后评价，采取改进措施，并报原环境影响评价文件审批部门和建设项目审批部门备案；原环境影响评价文件审批部门也可以责成建设单位进行环境影响的后评价，采取改进措施。

第二十八条 环境保护行政主管部门应当对建设项目投入生产或者使用后所产生的环境影响进行跟踪检查，对造成严重环境污染或者生态破坏的，应当查清原因、查明责任。对属于为建设项目环境影响评价提供技术服务的机构编制不实的环境影响评价文件的，依照本法第三十三条的规定追究其法律责任；属于审批部门工作人员失职、渎职，对依法不应批准的建设项目环境影响评价文件予以批准的，依照本法第三十五条的规定追究其法律责任。

第四章 法律责任

第二十九条 规划编制机关违反本法规定，组织环境影响评价时弄虚作假或者有失职行为，造成环境影响评价严重失实的，对直接负责的主管人员和其他直接责任人员，由上级机关或者监察机关依法给予行政处分。

第三十条 规划审批机关对依法应当编写有关环境影响的篇章或者说明而未编写的规划草案，依法应当附送环境影响报告书而未附送的专项规划草案，违法予以批准的，对直接负责的主管人员和其他直接责任人员，由上级机关或者监察机关依法给予行政处分。

第三十一条 建设单位未依法报批建设项目环境影响评价文件，或者未依照本法第二十四条的规定重新报批或者报请重新审核环境影响评价文件，擅自开工建设的，由有权审批该项目环境影响评价文件的环境保护行政主管部门责令停止建设，限期补办手续；逾期不补办手续的，可以处五万元以上二十万元以下的罚款，对建设单位直接负责的主管人员和其他直接责任人员，依法给予行政处分。

建设项目环境影响评价文件未经批准或者未经原审批部门重新审核同意，建设单位擅自开工建设的，由有权审批该项目环境影响评价文件的环境保护行政主管部门责令停止建设，可以处五万元以上二十万元以下的罚款，对建设单位直接负责的主管人员和其他直接责任人员，依法给予行政处分。

海洋工程建设项目的建设单位有前两款所列违法行为的，依照《中华人民共和国海洋环境保护法》的规定处罚。

第三十二条 建设项目依法应当进行环境影响评价而未评价，或者环境影响评价文件未经依法批准，审批部门擅自批准该项目建设的，对直接负责的主管人员和其他直接责任人员，由上级机关或者监察机关依法给予行政处分；构成犯罪的，依法追究刑事责任。

第三十三条 接受委托为建设项目环境影响评价提供技术服务的机构在环境影响评价工作中不负责任或者弄虚作假，致使环境影响评价文件失实的，由授予环境影响评价资质的环境保护行政主管部门降低其资质等级或者吊销其资质证书，并处所收费用一倍以上三倍以下的罚款；构成犯罪的，依法追究刑事责任。

第三十四条 负责预审、审核、审批建设项目环境影响评价文件的部门在审批中收取费用的，由其上级机关或者监察机关责令退还；情节严重的，对直接负责的主管人员和其他直接责任人员依法给予行政处分。

第三十五条 环境保护行政主管部门或者其他部门的工作人员徇私舞弊，滥用职权，玩忽职守，违法批准建设项目环境影响评价文件的，依法给予行政处分；构成犯罪的，依法追究刑事责任。

第五章　附　则

第三十六条 省、自治区、直辖市人民政府可以根据本地的实际情况，要求对本辖区的县级人民政府编制的规划进行环境影响评价。具体办法由省、自治区、直辖市参照本法第二章的规定制定。

第三十七条　军事设施建设项目的环境影响评价办法，由中央军事委员会依照本法的原则制定。

第三十八条　本法自 2003 年 9 月 1 日起施行。